本书得到水专项课题《太湖流域水生态环境功能分区管控策略研究与业务化运行》（2018ZX07208-004）的资助

太湖流域水生态
环境功能分区管理绩效评估研究

马宗伟　祁玲玲　黄　琴　胡丽条　文　婷　倪　平　李潍瀚　著

 南京大学出版社

图书在版编目(CIP)数据

太湖流域水生态环境功能分区管理绩效评估研究 /
马宗伟等著. -- 南京:南京大学出版社,2022.10
ISBN 978-7-305-26186-2

Ⅰ.①太… Ⅱ.①马… Ⅲ.①太湖—流域—区域水环
境—区域生态环境—环境功能区划—研究 Ⅳ.
①X321.25

中国版本图书馆 CIP 数据核字(2022)第 179007 号

出版发行　南京大学出版社
社　　址　南京市汉口路 22 号　　　　　邮　编　210093
出 版 人　金鑫荣

书　　名 太湖流域水生态环境功能分区管理绩效评估研究
著　　者　马宗伟　祁玲玲　黄琴　胡丽条　文婷　倪平　李潍瀚
责任编辑　甄海龙　　　　　　　　编辑热线　025-83595840

照　　排　南京南琳图文制作有限公司
印　　刷　江苏凤凰通达印刷有限公司
开　　本　787×960　1/16　印张 14.75　字数 300 千
版　　次　2022 年 10 月第 1 版　2022 年 10 月第 1 次印刷
ISBN 978-7-305-26186-2
定　　价　68.00 元

网址:http://www.njupco.com
官方微博:http://weibo.com/njupco
官方微信号:njupress
销售咨询热线:(025)83594756

前　言

　　自古以来,水作为生命之源、生产之要和生态之基,人类的生存繁衍、物种的演化更替无一不依赖于丰富的水资源。流域是水资源的空间载体,承载着人类各项经济生产活动,孕育出灿烂瞩目的华夏文明,其重要性不言而喻。

　　然而,随着我国经济社会的快速发展,污染物排放强度持续增大,环境保护压力不断提高,低效的管控措施使得水生态环境面临治理失灵的威胁,我国流域生态文明建设处于窗口期与瓶颈期。习近平总书记高度重视水环境保护和水生态治理,多次视察长江、黄河等重要流域,发表一系列重要讲话,出台多项行动政策,为我国流域水环境治理工作指明了方向。

　　太湖流域位于长三角的核心地区,是我国经济最发达、大中城市最密集的地区之一,地理和战略优势突出。然而,太湖流域水生态环境与经济间的矛盾问题日益凸显,其严峻的水生态环境形势备受关注,因而成为我国水污染防治的重点流域之一。为促进太湖流域水生态环境的科学有效管理,江苏省环境保护厅和江苏省太湖水污染防治办公室于 2016 年 6 月出台了《江苏省太湖流域水生态环境功能区划(试行)》,提出以水生态、空间管控、物种保护为三大管理目标的水生态环境功能分区管理体系。然而,当前针对太湖流域水生态功能分区管理的绩效评估体系尚未建立,分区管理体系对于水环境改善、生态多样性保护和土地空间利用管控的实施效果不明,水生态环境治理体系的深化完善方向不清。

　　为此,笔者基于太湖流域水生态功能分区管理绩效评估的研究经验编写本书,以期构建合理的符合实际的环境管理绩效评估体系,并通过分级预警及动态模拟方法,耦合主体目标、多层级、多指标的响应关系,最终形成太湖流域水生态环境功能分区管理绩效改善的动态评估、动态预警及动态模拟集成系统,为深化推进太湖流域的分区管理、有效考核管理成效提供技术支撑。

本书分为七章。"第一章 水生态环境功能分区管理绩效评估概述"对水生态环境功能分区与环境管理绩效评估的基本概念、研究进展、分区概况以及绩效评估程序进行阐述。"第二章 太湖流域水生态环境功能分区管理绩效评估技术"、"第三章 太湖流域水生态环境功能分区管理绩效评估"和"第四章 太湖流域水生态环境功能分区管理动态预警体系"分别构建了太湖流域水生态环境功能分区管理绩效评估技术与动态预警体系,并深入分析研究结果。"第五章 太湖流域水生态环境功能分区管理绩效改善动态模拟"和"第六章 太湖流域水生态环境功能分区管理政策建议"对太湖流域水生态环境功能分区绩效改善效率动态模拟并提出针对性的建议。"第七章 太湖流域水生态环境功能分区管理实施路径研究"通过梳理国内外管理政策、太湖流域管理现状及存在问题,探究适用于水生态环境功能分区的水质水生态管理、土地利用空间管控和物种保护层面的实施路径。

目前,随着对流域生态环境分区管理的不断探索,相关研究发展快,新的视角、方法不断涌现。加之编写时间仓促及作者水平所限,书中内容难免有疏漏或错误之处,敬请广大读者予以指正,以便再版修正。

本书得到水专项课题"太湖流域水生态环境功能分区管控策略研究与业务化运行"(2018ZX07208-004)的资助,课题组的其他成员单位也为本研究的完成提供了许多有益的建议,为本研究工作提供了便利条件,在此一并表示感谢。

马宗伟

2022 年 7 月于南京

目　录

前　言·· 1

表目录·· 4

图目录·· 6

第一章　水生态环境功能分区管理绩效评估概述·················· 1

　　1.1　水生态环境功能分区概念　······························· 1

　　1.2　环境管理绩效评估概念　······························· 2

　　1.3　水生态环境功能分区管理绩效评估的作用　··········· 3

　　1.4　国内外环境管理绩效评估研究　······················· 3

　　1.5　太湖流域水生态环境功能分区概况··················· 13

　　1.6　绩效评估程序······································· 23

第二章　太湖流域水生态环境功能分区管理绩效评估技术·········· 25

　　2.1　太湖流域水生态环境功能分区管理绩效评估指标体系构建

　　　··· 25

　　2.2　管理绩效评估技术··································· 32

第三章　太湖流域水生态环境功能分区管理绩效评估·············· 36

　　3.1　数据获取及来源····································· 36

3.2 分区管理绩效评估结果分析……………………………… 38

3.3 分区管理绩效障碍因子辨识…………………………… 66

3.4 主要结论…………………………………………………… 70

第四章 太湖流域水生态环境功能分区管理动态预警体系…………… 72

4.1 预警管理技术…………………………………………… 72

4.2 预警结果及分析………………………………………… 75

4.3 提前预测预警…………………………………………… 80

4.4 主要结论………………………………………………… 89

第五章 太湖流域水生态环境功能分区管理绩效改善动态模拟……… 91

5.1 绩效评估目标可达性分析……………………………… 91

5.2 绩效评估目标效率动态评估…………………………… 96

5.3 主要结论………………………………………………… 100

第六章 太湖流域水生态环境功能分区管理政策建议……………… 101

6.1 太湖流域分区管理政策建议…………………………… 101

6.2 水生态功能分区管理程序……………………………… 121

6.3 太湖流域分区管理保障措施…………………………… 123

第七章 太湖流域水生态环境功能分区管理实施路径研究………… 128

7.1 太湖流域水质水生态实施路径研究…………………… 128

7.2 土地利用空间管控实施路径…………………………… 158

7.3 物种保护实施路径……………………………………… 185

参考文献…………………………………………………………… 196

附 录……………………………………………………… 207

　　附件 1　太湖流域水生态环境功能分区名录 ……………… 207

　　附件 2　太湖流域水生态环境功能分区管理绩效评估指标标准化参考

　　　　　　标准 ……………………………………………… 211

　　附表 1　水生态环境功能分区管理障碍因子评价结果 ……… 214

　　附表 2　水生态环境功能分区管理绩效目标可达性结果 …… 217

　　附表 3　水生态环境功能分区管理绩效目标达成效率结果 …… 220

表目录

表 1-1　绩效评估指标体系研究现状 ······················· 9

表 1-2　太湖流域水生态环境功能分区不同级别内涵表征 ······· 19

表 1-3　水质、水生态分级管控目标 ·························· 20

表 1-4　分级空间管控目标 ································· 21

表 2-1　太湖流域水生态环境功能分区管理绩效评估指标体系 ······· 30

表 2-2　一级指标判断矩阵 ································· 33

表 2-3　二级指标判断矩阵 ································· 34

表 2-4　太湖流域水生态环境功能分区管理绩效评估指标权重 ······· 34

表 3-1　太湖流域水生态环境功能分区管理绩效评估指标数据来源
　　　　　　··· 37

表 3-2　太湖流域水生态环境功能分区管理综合绩效评估结果(地级市)
　　　　　　··· 39

表 3-3　太湖流域水生态环境功能分区管理综合绩效评估结果(功能分
　　　　区) ·· 42

表 3-4　太湖流域水生态环境功能分区管理绩效压力层结果 ········· 47

表 3-5　太湖流域水生态环境功能分区管理绩效状态层结果 ········· 54

表 3-6　太湖流域水生态环境功能分区管理绩效响应层结果 ········· 60

表 3-7　太湖流域水生态功能分区管理绩效评估目标指标 ·········· 66

表 3-8　基于障碍因素评分的等级划分方法 ···················· 67

表 4-1 PSR 耦合关系结果 ……………………………………… 73

表 4-2 太湖流域水生态环境功能分区预警管理阈值 …………… 74

表 4-3 太湖流域水生态环境功能分区预警管理等级的物理意义 …… 75

表 5-1 太湖流域水生态功能分区绩效评估目标指标 …………… 92

表 5-2 基于节能环保支出的等级划分方法 ……………………… 93

表 5-3 基于直接差距法的等级划分方法 ………………………… 93

表 5-4 不同可达性和障碍因子下目标达成效率及预警分级 …… 97

表 6-1 太湖流域水生态环境功能分区存在问题及政策建议 ……… 102

表 7-1 江苏省太湖流域生态补偿文件 ………………………… 133

表 7-2 江苏省太湖流域排污权交易与分配文件一览表 ………… 137

表 7-3 太湖流域河长制文件 …………………………………… 142

表 7-4 江苏省太湖流域环境税文件 …………………………… 145

表 7-5 土地用途区分类与"三生空间"关系表 ………………… 160

表 7-6 土地利用现状分类与"三生空间"关系表 ……………… 161

表 7-7 2015—2018 年土地利用类型转移概率 ………………… 171

表 7-8 江苏省太湖流域市级土地相关规划 …………………… 175

表 7-9 江苏省太湖流域市级土地管理文件 …………………… 177

表 7-10 重点保护物种分级及重要物种识别 …………………… 190

表 7-11 太湖流域物种保护分阶段目标 ………………………… 192

表 7-12 太湖流域物种保护分阶段目标 ………………………… 193

图目录

图 1-1　江苏省太湖流域水生态环境功能分区 ……………… 19

图 1-2　水生态功能分区管理绩效评估程序 ………………… 24

图 2-1　PSR 框架构建图 …………………………………… 26

图 3-1　水生态环境功能分区整体综合绩效得分均值变化 … 45

图 3-2　四类生态功能分区综合绩效得分均值变化 ………… 46

图 3-3　太湖流域水生态环境功能分区管理综合绩效指数空间分布

…………………………………………………………… 46

图 3-4　四类生态功能分区压力得分均值变化 ……………… 51

图 3-5　太湖流域水生态环境功能分区管理压力层得分空间分布 …… 52

图 3-6　四类生态功能分区状态得分均值变化 ……………… 58

图 3-7　太湖流域水生态环境功能分区管理状态层得分空间分布 …… 59

图 3-8　四类生态功能分区响应得分均值变化 ……………… 64

图 3-9　太湖流域水生态环境功能分区管理响应层得分分布 …… 65

图 3-10　水生态环境功能分区障碍度分析结果(环境质量) ………… 68

图 4-1　2016—2019 年太湖流域 49 个功能分区压力预警结果 ……… 76

图 4-2　2016—2019 年太湖流域 49 个功能分区状态预警结果 ……… 77

图 4-3　2016—2019 年太湖流域 49 个功能分区响应预警结果 ……… 78

图 4-4　2016—2019 年太湖流域 49 个功能分区综合绩效预警结果 … 79

图 4-5　2019 年太湖流域各行政分区综合绩效预警结果 ……………… 80

图 4-6　水生态环境功能分区整体综合绩效得分预测结果 ………… 83

图 4-7　水生态环境功能分区压力层绩效得分预测结果 ………… 83

图 4-8　水生态环境功能分区状态层绩效得分预测结果 ………… 84

图 4-9　水生态环境功能分区响应层绩效得分预测结果 ………… 85

图 4-10　各功能分区综合绩效预测结果 ………………………… 85

图 4-11　2021 年太湖流域各行政分区压力预测预警结果 ……… 86

图 4-12　2021 年太湖流域各行政分区状态预测预警结果 ……… 87

图 4-13　2021 年太湖流域各行政分区响应预测预警结果 ……… 88

图 4-14　2021 年太湖流域各行政分区综合绩效预测预警结果 … 88

图 5-1　目标可达性分析方法 ……………………………………… 94

图 5-2　水生态环境功能分区目标可达性分析结果（环境效率）……… 95

图 5-3　水生态环境功能分区目标可达性分析结果（环境质量）……… 95

图 5-4　水生态环境功能分区目标达成效率结果（环境效率）……… 98

图 5-5　水生态环境功能分区目标达成效率结果（环境质量）……… 98

图 7-1　生态功能区水质改善路线图 ……………………………… 152

图 7-2　2020 年太湖流域土地用途对应的"三生空间" ……… 160

图 7-3　2020 年太湖流域土地利用现状对应的"三生空间" ……… 162

图 7-4　2020 年太湖流域土地用途分区和利用现状的生产空间对比
………………………………………………………………… 163

图 7-5　2020 年太湖流域土地用途分区和利用现状的生活空间对比
………………………………………………………………… 163

图 7-6　2020 年太湖流域土地用途分区和利用现状的生态空间对比
………………………………………………………………… 164

图 7-7　水生态功能分区土地利用现状 ………………………… 168

图 7-8　2000—2020 年太湖流域土地利用状况 ……………… 169

图 7-9　2000—2020 年太湖流域土地利用类型变化情况 …… 170

图 7-10　2021 年、2024 年太湖流域土地利用类型预测结果 ……… 171

图 7 - 11   水生态功能分区 2021 年和 2024 年土地覆盖变化情况 ······ 172

图 7 - 12   2020 年太湖流域土地利用类型真实值和预测值对比········· 173

图 7 - 13   2020 年太湖流域土地利用分区图················· 174

图 7 - 14   现行空间性规划地类体系 ················· 180

第一章 水生态环境功能分区管理绩效评估概述

1.1 水生态环境功能分区概念

水环境功能区划是依据国民经济发展规划,结合区域水资源开发利用现状和社会需求,科学合理地在相应水域划定具有特定功能、满足水资源合理开发利用和保护要求并能够发挥最佳效益的区域(即水功能区),水功能区划是实现水资源合理开发、有效保护、综合治理和科学管理的极重要的基础性工作,是水资源保护措施实施和监督管理的依据。

流域水生态环境功能分区是基于生态功能的基础上对流域的生态进行分区,是通过获取流域水生态系统的生态要素在空间上的综合分布信息,划分出相对同质的淡水生态系统或者生物体及其与环境相互关系的土地单元,为流域水环境管理和生态资源信息的配置提供地理空间上的框架,为流域管理者提供环境管理与规划预测等方面的依据[1]。流域水生态功能分区是在流域水生态系统空间差异特征分析的基础上,利用气候、水文、土地利用、土壤、地形、植被、水质、水生生物等要素建立分区指标,结合人类活动影响来划分的。水生态环境功能分区是依据河流生态学中的格局与尺度理论,将区域按照流域水生态系统空间特征差异进行分级分类,反映了流域水生态系统在不同空间尺度下的分布格局[2]。水生态功能分区是流域水质目标管理的基础与前提,是确定流域水环境基准、标准和总量控制及评价的基础。流域水生态环境功能区与主体功能区规划衔接,体现了以水系为经脉,以山水林田湖为整体的思路。

1.2　环境管理绩效评估概念

环境绩效评估是环境绩效管理的一种工具,是环境保护领域进行环境管理活动的一种新模式,目的是对环境行为产生绩效进行评估进而推动环境管理的系统过程。企业环境绩效评估包括企业为取得良好环境业绩而在生态补偿、循环经济、清洁生产、成本管理和信息披露等多方面采取有效方法提升环境管理水平的过程[3]。而政府环境绩效评估更加强调将绩效管理的理念渗透到政府环境管理职能当中,是由战略管理、项目管理和个人绩效管理等管理模块共同组成的有机系统。

环境绩效评估是按照预先设定的评估指标和标准,针对被评估对象在一定时期内的环境相关工作和活动进行考察、评定,给出反映被评估对象真实环境绩效水平的状况和信息,最终为后期绩效提升与改进活动提供支持和帮助。简言之,利用适当的指标对环境绩效进行测量与评估即为环境绩效评估。环境绩效评估是环境绩效管理过程中不可或缺的部分,是开展环境绩效管理工作的前提和基础,具有承上启下的重要作用[4]。

本研究将太湖流域水生态环境功能分区管理绩效评估定义为在分区政策管理的约束下,一定时期内江苏省太湖流域 49 个水生态功能分区生态环境提升效率,包括环境压力减缓、生态状态提升、管理响应增强三者耦合的管理效果评估。首先采用 PSR 模型构建了太湖流域水生态环境功能分区管理绩效评估指标体系,进一步推进太湖流域分区管理。随后通过 GIS 技术实现多时空维度的分区管理绩效动态展示,对 2016—2019 年不同分区、不同评估期的环境管理绩效进行纵横向对比分析,最终为太湖流域分区管理和环境政策的制定提供科学依据。

1.3　水生态环境功能分区管理绩效评估的作用

随着我国经济的高速发展,流域水环境问题日益突出,各类污染物的大量排放和水污染管控措施的滞后使得河湖水质不断恶化,为生态安全和人类健康带来严重隐患,也成为制约我国生态文明建设的瓶颈。针对河流湖泊的污染问题,国家颁布的"水十条"要求全力保障水生态环境安全,深化重点流域污染防治;明确和落实各方责任,严格目标任务考核。因此,在我国重点流域水环境问题没有得到根本解决的情况下,水生态环境管理模式亟需进一步优化,加强责任落实与管控考核。为保障管控责任的有效落实和管理目标的实现,需要建立科学合理的环境管理模式实施效果的评估体系,这不仅是生态文明建设的重要内容,也是实现流域经济、社会和环境协调发展的迫切需求。

流域水生态环境功能分区管理实施效果的考核评估,涉及的因素纷繁复杂,影响分区管理目标及管理实施过程的要素众多,分区管理方案、管理实施的外部环境以及各分区的生态环境状况都会影响水生态环境功能分区的管理实施效果及未来中长期的流域水生态系统健康。准确评估分区管理体系的现状、筛选关键绩效指标成为开展分区管理绩效评估的关键所在,因此科学合理地考核分区管理的实施效果、解析关键因子以及厘清分区管理方案与外部环境的响应关系是编制水生态环境功能分区管理评估技术指南、改善水生态环境功能分区管理的重要前提。

1.4　国内外环境管理绩效评估研究

流域作为一个完整的地理与生态系统区域,是实施生态保护和环境治理的典型单元。太湖流域由于频发的水环境事件和重要的区位意义受到越来越多的关注,为促进太湖流域水资源的有效节约和水环境的科学管理,江苏省环境保护厅和江苏省太湖水污染防治办公室于 2016 年 6 月出台了《江苏省太湖流域水生态环境功能区划(试行)》,提出以水生态、空间管控、物种保护为三大管理目标的水生态环境功能分区管理体系。为促进三大管理目标的实现,需要在提升太湖流域水环境管理水平的基础上开展管理效果的评估。而准确掌握分区管理体系的现状及其关键绩效指标成为开展分区管理绩效评估的关键所在,因此,本研究在广泛调研国内外文献的基础上,对流域水生态分区绩效评估相关的理论研究进行深入分析,为太湖流域绩效评估研究提供理论支撑。

1.4.1 国外研究综述

环境绩效是指环境管理主体基于环境目标,调控其环境行为所取得的可测量的环境管理系统成效;环境绩效评估则是对环境管理政策实施后所取得的环境绩效进行测量和评价的一种方法或工作机制,是实施环境绩效管理,开展环境绩效研究的核心内容和难点问题[5]。根据环境绩效评估或者管理对象的不同,环境绩效有不同的类型,包括(战略)环境政策绩效。地区(区域)环境绩效、部门环境绩效、行业环境绩效、组织环境绩效、项目环境绩效等[5],它们共同构成了环境绩效评估体系。

部分发达国家较早开展政策评估工作,并已建立健全的政策评估制度来支持政策评估工作。如法国 1989 年成立国家研究评估委员会,有 16 个法律法规条款对该机构职能机构、人员组成、评估费用等作了明确的规定。美国 2003 年颁布《政策规定绩效分析》文件,对实施公共政策绩效评估作了系统、全面的规定。韩国 2006 年实施《政府业务评价基本法》,把原先依据不同法令进行的片面的或重复的各种评价制度综合为一体,确立了系统化、一体化的绩效评估制度。日本于 20 世纪 90 年代引入政策评价制度,2002 年实施《关于行政机关实施政策评价的法律(评价法)》,要求内阁和政府的各个部门在其权限范围内都要实行政策评价[6]。

在环境绩效评估方面,国外对地区和企业层面的环境绩效评估实践成果较多。在地区层面,美国环境保护署在 2000 年实施了国家环境绩效追踪项目;欧洲环境局建立了环境绩效评估指标体系,以监测欧盟各个成员国环境绩效的变化;荷兰政府设立了国家环境绩效目标与指标体系;经济合作与发展组织(OECD)在 1999—2000 年完成了第一轮环境绩效评估过程,对 31 个成员国及部分非成员国都开展了系统的、独立的环境绩效评估工作;亚洲开发银行 2003 年开启了大湄公河次区域环境绩效评估的尝试[7]。

而在企业层面,绿色生产已成为几乎所有制造商的重要问题,供应商的环境绩效评估变得越来越重要。目前评估供应商和供应链的环境绩效的研究内容主要集中在以下几个方面:从不同的角度构建环境绩效评价指标体系[8];采用模糊的多智能体决策策略,评估供应商的环境意识[9];建立评估供应商环境绩效的"绿色"供应商评级体系[10]等。

国外政策评估技术总体相对比较成熟,主要体现在内部评估与外部评估相结合、定量分析与定性分析相结合、专家评估与民众相结合,另外非常注重信息的透明公开,信息渠道畅通,信息时效性强,值得我国开展政策评估活动时结合实际情况加以借鉴。在具体评估环境绩效时,还有以下要点值得注意:

① 指标选取:可持续性不是重要问题的简单组合,还关系他们的相互联系和在系统中的动态发展。应做到综合考虑环境、经济、社会各个方面,而不是独立对待。可持续发展的指标应根据利益相关者进行选取。

② 指标分析:指标要进行相关性和可比性分析。指标构建还应进行敏感性分析和不确定性分析,防止造成误导性结果。另外,次级指标也应谨慎选择。

③ 评估过程:模型的选择、权重的设置、误差值的对待方式十分重要。指标构建要在一个连贯的体系中,这有助于反映对政策目标的影响,确保评估过程可以随时间根据利益相关者不断变化[11]。

1.4.2 国内研究综述

我国自20世纪50年代就开始了水体的区划研究,最初以自然区划方法为主。20世纪80年代后,我国进入了陆地生态区划阶段,其中"水"一直是被考虑的核心要素之一。20世纪90年代,为揭示不同区域水生生物空间分布格局,明确水生态功能类型及其重要性,明确水生态系统保护目标,为流域水生态系统保护与修复提供科学依据,环保部划定水生态功能区[12],根据水生态系统结构、过程在不同尺度上的空间特征以及维持生态系统完整性的要求,将具有相似性陆地与水体进行划分,形成具有4级分区的地理单元。2002年,为实现水资源可持续利用,水利部颁布《水功能区划定方法》,构建了2级分区体系。为明确各类生态功能区的主导生态服务功能以及生态保护目标,划定对国家及区域生态安全起关键作用的重要生态功能区域,2008年环保部与中科院颁布《全国生态功能区划》,将全国划分为216个生态功能区,并完成了十个重点流域的分区方案以及太湖、辽河流域的管理应用示范。2012年国家发改委主持划定主体功能区,以产业布局为目的,对各区域按其功能定位、发展方向和模式加以分类,以便建立起开发强度等级差别控制的空间开发管制方案,作为区域协调发展的基础,促进形成有序有度、整体协调的空间开发格局。

至此,我国划定了水生态功能区、水功能区、生态功能区和主体功能区,成为各部门(环保部、水利部、发改委)管理的基础,但仍缺乏在流域单元上的统一和协调。为此,"十二五"期间(2011—2015年),国家水体污染控制与治理科技重大专项在流域水生态功能区基础上完成了十一个重点流域的水生态功能三级及四级分区,并在太湖流域出台了《太湖流域管理条例》、《江苏省太湖流域水生态功能区管理办法》、《江苏省太湖流域水生态环境功能区划(试行)》等文件。其中《区划》划定了49个太湖流域水生态环境功能分区,根据生态功能与服务功能对各分区进行4级功能分级,并结合《水污染防治行动计划》目标要求,分别制订差异化的生态环境、空间管控、物种保护三大类管理目标以及分期分步的实施计划。

在水生态功能区绩效评估方面,已有研究绩效评估的对象主要集中于水环境质量[13]、水生态安全[14]、水生态健康[15]、生态服务功能[16]、生物多样性[17]这几方面。评价方法主要为通过模糊综合法、层次分析法、生物多样性指数法、压力—状态—响应模型等方法建立指标体系,指标体系的构建思路通常为由目标层到准则层再到指标层。选取的指标包括污染物浓度、河流形态、水文水动力数据、水生生物数据、农业生产指标、城市发展指标、污染治理投资程度等。除此之外,有研究对流域水生态功能及其影响因子进行识别评价,如何哲等人[18]基于主成分分析—熵权—相关性分析法,对该流域水生态功能及影响其功能强弱的主要驱动因子进行评价与识别,其中指标体系的构建按照流域水生态功能进行分类,为本研究流域水生态环境功能分区绩效评估的关键驱动因子识别提供参考和指导。还有研究探究了水生态功能区风险格局的演变,如高永年等人[19]基于土地利用类型比例变化、转移矩阵、GIS叠加分析、土地利用综合转换速率、景观生态风险指数和土地利用变化的景观生态风险效应系数等分析方法,综合分析了太湖流域及其不同一级水生态功能区的土地利用与景观格局及其变化特征,从景观尺度计算得到了太湖流域及其不同一级水生态功能区景观生态风险值,并在此基础上对太湖流域及其不同一级水生态功能区景观生态风险差异特征进行了比较分析,进而分析了各区景观生态风险与土地利用变化之间的效应关系,为本研究中建立分区管理与生态环境状况之间的响应关系模型提供借鉴。近年来,有研究基于水生态文明理念建立了更加综合全面的评估指标体系,如褚克坚等人[20]从水资源安全、水生态环境、水文化、水管理等4个方面,构建了共3个层次,26项指标的城市水生态文明建设状况的模糊综合评估模型,为本研究中建立多维度的绩效评估指标体系提供指导。

在水功能区绩效评估方面,大部分研究更多关注水功能区的水质达标评估,在评估方法上包括比较常用的综合水质标识指数评价法[21]、GIS[22]、模糊数学评价法[23]等,还有一些学者创新研究了三位水质指数法[24]等。除水质达标评估之外,还有学者对水功能区的水量[25]、纳污能力[26]等开展评估。在此基础上,王竞敏[27]从纳污能力的动态评估出发,基于综合集成平台,建立了水功能区动态纳污能力计算及考核仿真系统。在构建指标体系进行绩效评估的研究中,姜志姣[28]基于外部性理论和环境管治理论构建了包含水质、水量和水生态三维度的指标体系,并按照不同类别的水功能区进行细化。邱凉等人[8]则在指标体系的属性层上扩展了社会环境维度,其中包括水源地安全达标建设状况和水资源开发利用率两个指标。

在生态功能区绩效评估方面,已有研究关注功能区的生态环境质量[29]、生态功能状况和变化趋势的评估[30]、生态服务价值评估[31]、保护现状评估[32]等方面,运用的方法包括遥感、GIS、指标体系构建等,其中指标体系有从自然生态指标和环境状况指标两方面[33]建立的,也有从资源环境承载力、现有开发密度、发展潜力方面[34]建立的,还有从集约程度、循环经济、产业结构、人力资本、生态投资、生态保持、生态参与和民生改善方面建立的生态文明建设社会经济评价指标[35],对于本研究的指标选取具有一定的参考价值。闫喜凤等人[36]运用问卷调查统计分析的方式对功能区内生态移民的经济效益、社会效益和生态效益进行评价研究,对本研究绩效评估的方式有所启发。还有研究在现状评估的基础上开展了成因分析,如魏金平等人[37]构建了生态脆弱性评价体系对功能区的生态环境进行了综合评价,并分析原因。有研究从可持续发展的角度产品通过计算服务价值与资源消耗及环境影响的比值来评估功能区的生态效率[38]。

在主体功能区绩效评估方面,有针对各类主体功能区开展的整体评估指标的设计研究,通常设置统一的一级指标,涉及经济发展、社会管理、人民生活、资源环境等方面[39],在二级指标上则根据不同主体功能区的开发定位设置差异化的指标和权重[40,41]。在整体评估指标体系的设计研究中,包含针对政府绩效的评估研究[42—45],以及针对政府生态环境预算的绩效评价[46],还有对生态文明建设考核的指标设计研究[47]。其中政府绩效的评估研究选取的二级指标主要包括政府责任和廉洁、行政效率、行政成本、公共安全和公众满意度等方面[48]。任启龙等人[49]在构建指标体系的过程中除了设计主题功能指标,还创新设计了辅助功能指标,"主体功能指标"为某

表1-1　绩效评估指标体系研究现状

作者	研究对象	指标体系名称	指标体系简介	参考文献
王志国	主体功能区	发展绩效综合考核评价参考指标体系	以中部地区主体功能区为对象,分别针对重点开发区、农产品主产区、重点生态功能区禁止开发区,从经济发展、资源环境和社会稳定五方面构建绩效考核指标方法	[50]
赵景华 等	主体功能区	地方政府绩效评价指标	针对地方政府主体功能区规划,并以北京市为例对这一理念进行实证检验。指标体系分为经济发展、社会管理、人民生活和资源环境四类	[39]
张路路 等	主体功能区	实施绩效评估指标	为合理评价和提升主体功能区规划的实施效应,从经济效益、社会效应及生态环境3个维度构建了不同主体功能区实施绩效评估指标体系	[41]
唐常春 等	主体功能区	流域绩效考核指标体系	针对长江流域目前地方政府绩效考核现状特征与问题,差异化地构建了长江流域主体功能区政府绩效考核体系。其中领域层指标包括经济增长、经济结构、社会保障、生态环境保护与进步,生态环境考核指标的权重分布及各类主体功能区及上中下游同类主体功能区考核指标均存在明显差异,较好反映了长江流域综合管治特征与各类区域实际	[42]
凌志雄 等	主体功能区	政府生态环境预算绩效评价指标	从生态预算视角出发,根据我国主体功能区差异性特点构建了包含评价主客体、评价指标及方法的完整政府生态环境预算绩效评价总体系,从政府预算决策、投入及反馈三个阶段进行指标设计	[46]
任启龙 等	主体功能区	省级绩效考核评价指标	分别针对优化开发区、重点开发区、农产品主产区和重点生态功能区构建绩效考核指标体系。根据不同主体功能区特点,从经济、工业、生态等多方面分别选取绩效指标作为主体功能指标和辅助功能指标	[49]
孙雪	主体功能区	县政府绩效评估指标	针对重庆市主体功能区,从经济发展、社会管理发展、人民生活发展和环境管理发展四方面选取绩效评估指标	[43]

（续表）

作者	研究对象	指标体系名称	指标体系简介	参考文献
王健	主体功能区	政府绩效考核指标	四大主体功能区的功能不同,分类设置四大主体功能区政绩考核。指标体系从政府行评价从而实现对不同地区政府进行分类政绩考核,指标体系从政府管理、社会建设、经济发展和资源四个方面进行选择构建	[44]
周国富 等	主体功能区	政府绩效考核指标	针对不同地方政府主体功能区政绩考核,从经济发展、公共服务、人民生活、资源环境四个方面进行指标构建	[45]
王雪松 等	主体功能区	生态文明建设考核指标	构建以主体功能区为依据的生态文明建设分类考核指标体系和流程,从生态环境、生态经济、生态社会、生态政治和生态文化五个层级考核指标体系,并设计了生态文明建设考核流程	[47]
罗成书 等	主体功能区	乡镇差异化考核指标	以浙江省绍兴市为案例,在对全域118个乡镇差异化考核基础上,明确了"差异次"差异化考核设计思路,"三层次"差异化考核设置"的类、经济发展类、差异发展类、创新发展类、社会发展类、资源环境类四个方面选取指标	[40]
王健	主体功能区	政府绩效评价指标	从政府管理,社会发展,经济发展,资源与生态四个方面构建主体功能区可持续发展政绩评价指标,破解"简单以国内生产总值增长率来论英雄"的难题	[48]
陈映	主体功能区	政绩评价指标	针对西部限制开发区域主体功能区定位和发展方向,建立符合科学发展观的差别化的评价和考核体系,更加突出生态建设、环境保护、农产品和生态产品生产能力等方面的评价,从政府服务能力、农业综合发展能力、社会发展能力三个方面进行指标体系构建	[51]

（续表）

作者	研究对象	指标体系名称	指标体系简介	参考文献
何立环 等	生态功能区	县域生态环境质量考核评价指标	围绕国家重点生态功能区转移支付资金绩效评估目标，以县域生态环境质量动态变化值作为转移支付资金使用效果的评价依据，以自然生态指标和环境状况指标两方面进行构建评价指标体系	[33]
朱丽娟	生态功能区	县域功能区评价指标	以行政村为评价单元，选取资源环境承载力、现有开发程度和发展潜力3个一级指标，8个二级指标，23个三级指标，形成重点生态功能区县域地域功能适宜性评价指标体系	[34]
钮小杰	生态功能区	生态文明建设社会经济评价指标	从生态经济指标、生态发展指标和社会进步指标三方面构建适合重点生态功能区的生态文明建设社会经济评价指标体系以生态发展和社会进步为核心，突出对生态经济的重视	[35]
秦美玉 等	生态功能区	民族城镇化发展评价指标	采用层次分析法构建建立一套重点生态功能区民族城镇化发展水平评价指标体系，指标体系包含生态城镇化水平、经济城镇化水平、社会城镇化水平和人口城镇化水平四类，为民族地区新型城镇化道路提供指导方向	[52]
李想 等	生态功能区	生态系统功能评价指标	运用条件价值评估法与旅行成本法相结合的方式，定量评估了北京市公园绿地、公共绿地和社区绿地生态系统的文化服务价值意愿，定量评价基于市民认知与支付的文化服务价值	[53]
魏冉 等	水生态功能区	水生态安全社会经济压力、状态、相应评价指标	流域水生态功能三级分区的基础上，运用"压力—状态—响应模型"(PSR)，通过对流域社会经济压力指标，环境压力指标，城市发展指标、资源环境发展指标、投资指标、治理指标等因素分析，筛选出13个水生态安全评价指标	[14]

（续表）

作者	研究对象	指标体系名称	指标体系简介	参考文献
衣俊琪	水生态功能区	水生态系统健康评价指标	以位于辽宁北部的清河、汛河流域 11 个水生态功能三级分区为基本评价单元，依据水生态系统健康的特点、内涵及研究区域的生态特征，构建了水生态系统健康评价的层次分析指标体系	[15]
张志明 等	水生态功能区	生态服务功能评价指标	以水生态功能区为基本单元，采用物质量的方法，针对巢湖环带湖陆地和水域生态系统服务功能的供给、调节和支持功能进行评估。对于流域内的土地利用结构优化配置，生态环境保护、治理与修复等都有重要的意义	[16]
邱凉 等	水功能区	水功能区考核指标	应用频度分析法、理论分析法和专家咨询法等建立了水功能区考核指标体系框架，确定了水资源、水文水资源、水环境、水生态和社会属性等四类，筛选出生态基流、敏感水功能区考核的关键指标，最终确立了不同类型水功能区考核的关键指标等 8 个指标	[8]
姜志娇	水功能区	水功能区达标考核评价	将山西省水功能区达标考核评价体系作为研究对象，针对山西省各级水功能区达标考核评价指标的特点，从水质、水量、水生态三个方面，提出了不同水功能区达标评价标准和评价方法，构建形成水功能区达标综合评价体系	[28]

一类主体功能区重点考核指标,"辅助功能指标"为这一类主体功能区需同时兼顾的指标。还有针对具体一类主体功能区开展的绩效评估指标体系构建研究,如王志国[50]针对中部地区重点开发区和农产品主产区建立了发展绩效综合考核评价参考指标体系,陈映[51]针对西部地区限制开发区设计了政绩评价指标体系。

1.5　太湖流域水生态环境功能分区概况

1.5.1　太湖流域概况

1.5.1.1　社会经济概况

太湖流域地理位置优越,气候宜人,自然资源丰富。地处长江三角洲南翼,北抵长江,东临东海,南滨钱塘江,西到天目山、茅山,流域总面积为36 895 km²,约占全国面积的0.4%,其中太湖湖区水面积2 338 km²。太湖流域行政区隶属江苏省、浙江省、上海市和安徽省的面积分别约占总面积的53.0%、33.4%、13.5%和0.1%。流域以太湖为中心,呈周边高、中间低的碟状地形,主要有苕溪、南河、洮滆、黄浦江,通长江与杭州湾等水系。域内河流纵横交错,湖泊星罗棋布,河道总长约12万千米,平原地区河道密度达3.2千米/平方公里,为典型"江南水网"。

习近平总书记曾用江苏民歌《太湖美》盛赞太湖。自古以来,太湖流域被誉为"鱼米之乡,不仅盛产粮食,同时也是全国蚕茧,淡水鱼、毛竹、湖羊、生猪、毛兔、茶叶和油菜籽、食用菌等多种农产品的著名产地。流域人民依水而居,太湖得天独厚的地理资源优势给流域发展带来了巨大的福祉。随着经济不断发展,太湖流域所处区域工业发达,经济基础雄厚,人口稠密,劳动力素质高,科技力量强,市场信息灵通,基础设施和投资环境较好,是我国沿海主要对外开放地区。太湖流域覆盖范围除特大城市上海外,尚有苏州、无锡、常州、镇江、嘉兴和湖州等大中城市及迅速发展的城镇乡村,是我国经济最发达、人口最密集、城市化程度最高的地区之一。

1.5.1.2 生态环境概况

太湖流域地理位置优越,自然资源丰富,是我国经济发达的地区之一。但在经济快速增长,人口不断扩张的同时,太湖流域的生态环境也付出了沉重的代价。太湖流域水生态环境问题严峻,如水环境容量下降、自净能力变差、蓝藻频发、污染阻滞于河道,引发入湖河流、国家考核断面、交界断面水质下降和水质波动。作为我国水污染防治的重点流域之一,太湖流域严峻的水生态环境形势一直备受关注,在当今经济高速发展的条件下,太湖流域水生态环境与经济间的矛盾问题日益突出,成为国内外学者研究的热点。近年来,随着国家水体污染控制与治理科技重大专项与太湖治理总体方案的实施,各项技术和政策的施行使太湖流域水生态环境得到一定改善,但对于实现流域生态健康仍有一定差距。

流域典型问题主要体现在:流域水生态健康隐患仍存在,湖泊富营养化现象时有发生;饮用水安全问题突出,水环境引起的经济损失逐年增加;流域工业企业众多,污染物成分复杂;土地利用方式和强度的急剧变化进一步加剧了水环境恶化;太湖流域水体浮游植物、动物门类单一,物种丰富度较低。因此,需进一步从水生态管理、空间管控以及物种保护等多方面解决流域典型环境问题,保障流域在中长期生态健康持续转好。

流域水生态健康隐患仍存在,湖泊富营养化现象时有发生。自太湖水污染危机爆发以来,省政府高度重视太湖治理工作,水污染防治行动积极展开,流域内主要湖泊总体水质提升显著,但夏季水华现象仍十分普遍。近年来,由于泥沙沉积、围湖垦殖和养殖等,太湖面积萎缩,浮游植物种群数量锐减,种类组成单一,水生态系统初级生产力出现失衡现象,太湖湖体的藻型生境已经形成,只要外部水文、气象等条件具备,不断积累的氮、磷等营养盐就有可能引起太湖蓝藻大规模暴发。

饮用水安全问题突出，水环境引起的经济损失逐年增加。太湖流域集中式饮用水源地中存在的主要问题是部分河网水源地水质不达标，主要超标项目为高锰酸盐指数和氨氮，并且大量生活和工业点源以及农村面源污染造成的水污染问题依然严重，以本地河湖为主要饮用水水源地的地区，水质问题突出，河网水污染较严重，威胁着饮用水水源地水质。一方面，由于大量污染物排放以及区域河网复杂的动力特征，太湖流域水污染事故频繁发生，给流域的社会稳定带来不利影响。另一方面，随着经济的快速发展，尽管治理力度也逐渐加大，流域内局部水域水污染状况在一定程度上得到好转。但是流域水环境恶化的总体态势并未得到有效遏制，流域废污水排放量依然逐年增加，流域水污染所造成的经济损失也逐年增大。

流域工业企业众多，污染物成分复杂。太湖流域结构性污染十分严重，化工行业、纺织印染、黑色冶金等行业成为流域污染重点行业。并且近年来，乡镇工业快速发展、农村地区的迁移和农村集镇化程度不断提高。由于乡镇企业布局的分散性、经营方式的多变性以及初级粗加工的特点，地表水受工业污染的现象时有发生，总体呈现出由市区向郊区蔓延的趋势。同时，大量成分复杂的工业污染物进入水体，也为水体的综合整治带来了巨大的挑战。另外，由于城乡经济水平和环境管理方面的差异，大中型城市水环境质量有所改善，但农村地区污染依然较重，且有进一步恶化的趋势。

土地利用方式和强度的急剧变化进一步加剧了水环境恶化。随着工农业生产的发展，太湖流域的土地利用结构发生了变化，大量农业用地转化为工业用地，城市用地规模也急剧扩展。在耕地大量流失的同时，为保障粮食总产出的相对稳定，化肥、农药使用量大幅度上升，进而导致耕地质量的下降以及化肥的流失。化肥中的氮磷经地表径流迁移至湖泊流域，造成水体富营养化，已成为流域一大新的污染源。此外，在土地利用方式转换过程中，局部水系遭到破坏，部分河流被填埋，水系与水系之间的沟通被阻隔，改变了原有的生态功能，影响了水系之间的正常水体和养分循环，降低了水环境容量和对污染物的稀释吸纳能力，间接地导致了水环境恶化。

太湖流域水体浮游植物、动物门类单一，物种丰富度较低。太湖流域污染现象时有发生,已超出水生态系统的资源再生能力,对水生动植物的生息繁衍场所造成一定的破坏,进而对水生动植物物种造成不可逆的永久性损害。太湖流域物种分布严重失衡,流域珍稀濒危物种及敏感种亟需得到进一步保护。为全面保障流域水生态系统健康,水生态服务功能恢复和提升刻不容缓。

太湖流域涉及地市众多,流域不同区域生态环境差异大,不同生境类型的生态指标差异大,并且社会经济状况跨度大,传统的单一管理目标无法同时适应所有区域发展要求。且在流域水环境管理的过程中,传统的环境管理目标仍然仅重视"优Ⅲ类断面"等单一水质目标,难以实现从水质达标到流域生态健康的管理观念转变,缺乏对整体水生态系统的保护。因此,太湖流域亟需构建分区域分级分类管理目标,从而实现水生态系统健康与社会经济协调可持续发展。

1.5.2　太湖流域水生态环境功能分区的划分

1.5.2.1　发展历程

我国长期以来一直面临着水体污染[54]、水资源短缺[55]、水生态退化以及洪涝灾害等多方面水环境的压力,而水体污染在一定程度上加剧了水资源短缺、水生态退化、洪涝灾害损失等问题的恶化。在此背景下,国家对水环境的治理日益重视,国务院出台《水污染防治行动计划》,其中第二十五条"深化重点流域污染防治"明确提出"研究建立流域水生态环境功能分区管理体系"。党的十九大进一步提出了关于加快生态文明体制改革的部署,专门提出了"加快水污染防治"的要求,积极践行"节水优先、空间均衡、系统治理、两手发力"的治水方针。多级主管部门相继出台了多项政策,为我国水环境治理确定了明确的方向和目标。从中央到地方大规模开展的流域水体污染防治行动,已取得一定成效。

为进一步响应党和国家的号召,加强太湖流域的水环境保护,国家、江苏省先后颁布了太湖流域管理条例、规划；2008年，国务院批复《太湖流域水环境综合治理总体方案》，正式建立太湖流域水环境综合治理省部际联席会议制；2010年，国务院先后批复了《太湖流域水资源综合规划》《太湖流域水功能区划》；2011年，《太湖流域管理条例》公布并实施；2013年，国务院批复《太湖流域综合规划》；2014年，正式建立环太湖城市水利工作联席会议制度。随着国家和社会对太湖水生态重视程度的不断提高，太湖流域的环境管理制度正日趋完善。

2015年，中共中央、国务院发布了关于加快推进生态文明建设的意见，明确提出保护和扩大水域、湿地等生态空间是水生态文明建设的重要内容。同年，国务院颁布了《水污染防治行动计划》（简称"水十条"），确定了2020年和2030年全国水环境质量指标，其中第二十五条"深化重点流域污染防治"明确提出"研究建立流域水生态环境功能分区管理体系"，对太湖流域水生态环境也提出了更高的要求。

水生态环境功能分区，是依据河流生态学中的格局与尺度理论，反映流域水生态系统在不同空间尺度下的分布格局，基于流域水生态系统空间特征差异，结合人类活动影响因素而提出的一种分区方法[2,56,57]。它是水环境管理从水质目标管理向水生态健康管理拓展的基础管理单元，是确定流域水生态保护与水质管理目标的基础。国家"水体污染控制与治理科技重大专项"在"十一五"期间开展了水生态环境功能分区研究，完成了全国十大流域水生态一级、二级分区的划分，并重点划分了太湖、辽河两大流域三级分区；"十二五"期间在太湖流域进一步开展了三级水生态功能分区的示范与应用研究。

为了推进江苏省生态文明建设，改善流域水环境质量，加强流域水生态环境保护，保障流域水生态系统健康，依据《中华人民共和国环境保护法》、《中华人民共和国水污染防治法》、《生态文明体制改革总体方案》、《水污染防治行动计划》、《全国重要江河湖泊水功能区划》、《江苏省地表水（环境）功能区划》、《江苏省太湖水污染防治条例》以及《太湖流域水环境综合治理总体方案（2013年修编）》等，基于"十一五"和"十二五"期间水生态环境功能分区的研究成果,江苏省政府于 2016 年 4 月 17 日初步构建了江苏省太湖流域水生态环境功能分区管理体系,印发了《江苏省太湖流域水生态环境功能区划(试行)》(以下简称《区划》),实施分区、分类、分级、分期的环境目标管理,划定了 49 个太湖流域水生态环境功能分区,并制定了差异化的生态环境、空间管控、物种保护三大类分类管理目标,以及分期分步实施计划。推进江苏省环境管理实现"四个转变":从保护水资源的利用功能向保护水生态服务功能转变,从单一水质目标管理向水质、水生态双重管理转变,从目标总量控制向容量总量控制转变,从水陆并行管理向水陆统筹管理转变,促进流域水生态系统健康与社会经济协调可持续发展。

1.5.2.2 分区范围

依据《国务院关于太湖流域水功能区划的批复》(国函[2010]39 号)、《太湖流域管理条例》及《太湖流域水环境综合治理总体方案(2013 年修编)》,本分区涉及的江苏省太湖流域包括太湖湖体,苏州市、无锡市、常州市和丹阳市的全部行政区域,以及镇江市区、丹徒区、句容市,南京高淳区行政区域内对太湖水质有影响的水体所在区域。

1.5.2.3 分区类别

为推进江苏省生态文明建设,改善流域水环境质量,加强流域生态环境保护,"十二五"期间,江苏省基于水生态环境功能分区的流域水环境管理办法制定并试行,推进太湖流域从水资源管理和水环境治理向水生态管理转变,初步形成了太湖流域水生态功能分区管理体系,基于水生态环境功能分区的流域水环境管理办法制定并试行。在"分区、分级、分类、分期"水环境管理理念的指导下初步形成了太湖流域水生态功能分区管理体系,将太湖流域水生态功能区分为 5 个 I 级区、10 个 II 级区、20 个 III 级区、14 个 IV 级区,划分结果见图 1-1(附图)。针对太湖流域水生态系统的层次结构和管理需求,设定不同级别水生态功能分区目的,此次水生态环境功能区划不仅推进了江苏省从保护水资源的利用功能向保护水生态服务功能转变,从单一水质目标管理向水质、水生态双重管理转变,从目标总量控制向容量总量控制转变,从水陆并行管理向水陆统筹管理转变,同时还促进了流域水生态系统健康与社会经济协调可持续发展。

表 1-2　太湖流域水生态环境功能分区不同级别内涵表征

分区级别	分区内涵
生态Ⅰ级区	水生态系统保持自然生态状态,具有健全的生态功能,需全面保护的区域
生态Ⅱ级区	水生态系统保持较好生态状态,具有较健全的生态功能,需重点保护的区域
生态Ⅲ级区	水生态系统保持一般生态状态,部分生态功能受到威胁,需重点修复的区域
生态Ⅳ级区	水生态系统保持较低生态状态,能发挥一定程度生态功能,需全面修复的区域

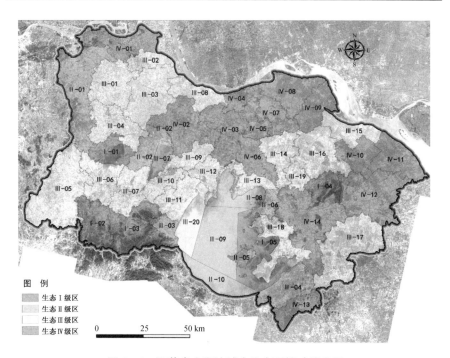

图 1-1　江苏省太湖流域水生态环境功能分区

1.5.2.4　分区管理目标

针对四级分区的生态功能与保护需求,分别制定了包括水生态管控、空间管控、物种保护三大类管理目标,实施分级、分区、分类、分期的目标管理。近期(2020年以前)以水质、水生态健康、生态红线、土地利用和目标总量控制等为主要考核指标,远期(2021—2030年)将水环境容量总量、生物毒性、物种保护等纳入考核指标,全面保障流域水生态系统健康。

1. 水生态管理目标

包括水质、水生态健康和总量目标,基于分区内水质、水生态现状、控制单元划分、"水十条"考核断面目标要求、分区水环境容量计算等制定。

水质目标:近期水质目标值结合水(环境)功能分区、太湖流域水环境综合治理总体方案、水质现状与"水十条"考核目标等综合确定,远期水质目标基本依据水(环境)功能分区,并布设相应的水质考核断面。

水生态健康指数:水生态健康指数为综合评价指数,由藻类、底栖生物、水质、富营养指数等组成,并依据代表性原则,优化布设水生态监测断面。

总量控制目标:污染物排放现状总量是依据纳入环保部门环境统计的工业污染源、生活污染源以及种植业、养殖业污染源等进行核算;2020年总量目标依据 COD、氨氮削减 2.4%、总磷削减 3.0%、总氮削减 3.6%制订。

表1-3　水质、水生态分级管控目标

分区级别	水质考核断面优Ⅲ类比例 (2030年)	水生态健康指数 (2030年)
生态Ⅰ级区	90%	良(≥0.70)
生态Ⅱ级区	85%	良/中(≥0.55)
生态Ⅲ级区	80%	中(≥0.47)
生态Ⅳ级区	50%	中/一般(≥0.40)

2. 空间管控目标

包括生态红线、湿地、林地管控目标,主要根据江苏省生态红线保护规划、各分区现状土地利用遥感影像解译成果等制定,确保生态空间屏障不下降,生态功能不退化。

表 1 - 4　分级空间管控目标

分区级别	生态红线面积比例	生态红线/流域面积	湿地＋林地面积比例
生态Ⅰ级区	69.0％	7.4％	68.0％
生态Ⅱ级区	63.0％	11.5％	61.8％
生态Ⅲ级区	21.0％	8.7％	28.4％
生态Ⅳ级区	8.0％	2.5％	15.5％

3. 物种保护目标

主要根据流域珍稀濒危物种分布,不同水质、水生态系统的特有种与敏感指示物种等研究成果制定。

1.5.2.5　分区管理规定

1. 在江苏省太湖流域试行水生态环境功能分区管理目标,逐步实现从单一的水质目标管理向水生态健康指数、容量总量控制、生态空间管控、物种保护等多指标综合管理转变。实施水生态健康指标考核,强化对生物物种的保护,恢复和提升水体的生态服务功能;完善排污许可证管理,逐步实现由目标总量控制向容量总量控制过渡;实施生态红线和土地利用空间管控,实现水陆统筹、系统治污和生态修复。

2. 水生态环境功能分区管理目标分期考核,近期(2020 年以前)以水质、水生态健康、生态红线、土地利用和目标总量控制等为主要考核指标,水陆统筹提升水环境质量,促进水生态系统健康;远期(2021—2030 年)将水环境容量总量、生物毒性、物种保护等纳入考核指标,全面保障流域水生态系统健康。

3. 对水生态环境功能实行分区、分级管控,在四级生态功能区逐步实施差别化的流域产业结构调整与准入政策,淘汰落后生产工艺、设备,加大化工、含电镀工序的电子信息及机械加工企业搬迁入园进度,完善园区外的印染、电镀企业退出机制,定期开展化工、印染、电镀等园区的环境综合整治。在生态Ⅲ级、Ⅳ级区新建项目实行污染物排放等量或减量置换;在生态Ⅰ级、Ⅱ级区新建、扩建产业开发项目逐步实现污染物排放减二增一。

4. 建立太湖流域水生态功能监测与评价体系,将水生态健康指标纳入现有的水环境监测与管理体系。简化水生态监测方法,加快水生态环境监测能力建设,完善现有太湖流域水生态环境质量监控网络,逐步实现水生态环境质量信息共享。

5. 在试行基础上逐步将水生态环境功能管理目标纳入太湖流域地方政府目标责任书考核体系,定期监督考核分区、分级目标完成情况,作为对领导班子和领导干部综合考核评价的依据。对未通过年度考核、水生态环境受到重大损害的市、区,提出限期整改要求,限期整改不到位的暂停审批区域内除环保基础设施外的建设项目;对年度考核成绩优异的市、区予以表彰和奖励。

1.5.3 太湖流域水生态环境功能分区管理绩效评估的必要性

水是生命之源、生存之本、生产之要和生态之基。流域作为自然界中水资源的空间载体,承载着人类各项经济社会活动,孕育出丰富多样的人类文明。然而,在经济高速发展的同时,流域水环境问题日益突出,我国生态文明建设正出于瓶颈期与窗口期。各类污染物的大量排放、水污染管控措施的滞后使得河湖水质不断恶化,水环境保护与治理的失灵严重威胁着人民群众的切身利益。习近平总书记高度重视水环境保护和水生态治理,多次视察长江、黄河等大江大河和重要湖泊水库,发表一系列重要讲话,出台多项行动政策,为我国持续做好重点流域水环境综合治理工作指明了方向,提供了根本遵循。

2020 年 8 月 20 日,习近平总书记在合肥主持召开扎实推进长三角一体化发展座谈会,为新发展阶段推进长三角一体化指明了方向、提供了重大机遇。太湖流域位于长三角的核心地区,是我国经济最发达、大中城市最密集的地区之一,地理和战略优势突出。然而,太湖流域水生态环境与经济间的矛盾问题日益突出,其严峻的水生态环境形势备受关注,故成为我国水污染防治的重点流域之一。近年来,随着国家水体污染控制与治理科技重大专项和太湖治理总体方案的实施与落实,各项技术和政策的施行使太湖流域水生态环境得到一定改善。"十二五"期间,基于水生态环境功能分区的流域水环境管理办法制定并试行,初步形成了太湖流域水生态功能分区管理体系。然而,针对太湖流域水生态功能分区管理的绩效评估体系尚未建立,无法准确掌握分区管理体系的实施现状、识别太湖流域生态系统健康的关键影响因子,难以有效评估太湖流域水生态功能分区管理对于水环境改善、生态多样性保护和土地空间利用管控的效果。

因此,立足太湖流域水生态环境的治理阶段,为落实"十三五"规划纲要和《水污染防治行动计划》提出的关于深入打好污染防治攻坚战、加快重点流域水环境综合治理的要求,夯实长三角绿色发展基础,科学合理地考核太湖流域水生态环境功能分区管理的实施效果、识别分区管理体系的关键因子、模拟预测分区管理方案与外部环境的影响成为迫切需求。分区管理实施效果的考核评估所涉及的因素极其复杂,分区管理方案、管理实施的外部环境以及各分区的生态环境状况都会影响水生态环境功能分区的管理实施效果及未来中长期的流域水生态系统健康。因此建立完整、科学、动态的太湖流域水生态环境功能分区管理技术体系,高效解析分区管理体系的关键因子以及厘清分区管理方案与其他外部环境之间的响应关系是编制水生态环境功能分区管理评估技术指南、改善水生态环境功能分区管理的必要前提,为推动太湖流域生态系统修复提升、长三角更高质量一体化发展注入动力活力。

1.6　绩效评估程序

太湖流域水生态环境功能分区管理绩效评估,按照资料收集、指标构建、绩效评估、绩效预警、动态模拟五个步骤实施。在评估的基础上,以区县担责、管理细化为原则探究区域管理策略,具体绩效评估程序见图1-2。

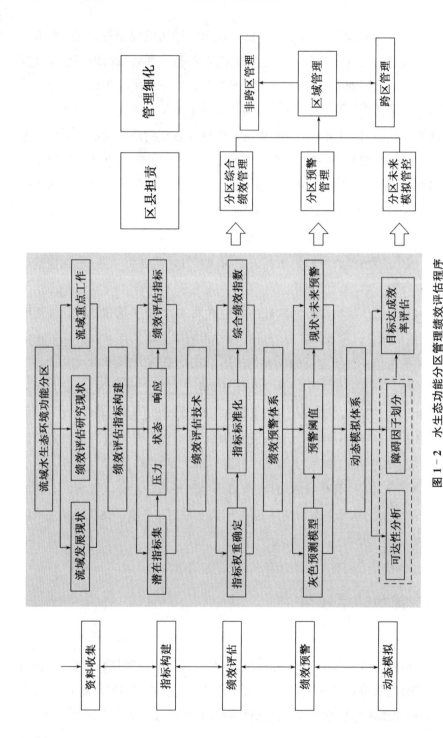

图 1-2　水生态功能分区管理绩效评估程序

第二章　太湖流域水生态环境功能分区管理绩效评估技术

　　基于初步梳理的太湖流域水生态环境功能分区管理绩效评估指标集，本研究根据科学性、客观性、可操作性、综合性、公平性、数据可获得性原则，从"压力—状态—响应"三个方面，采用 PSR 模型筛选太湖流域水生态环境功能分区管理绩效评估指标，构建本研究指标体系的评估框架。同时，利用均权法确定指标权重，最终构建太湖流域水生态环境功能分区管理绩效评估体系。

2.1　太湖流域水生态环境功能分区管理绩效评估指标体系构建

2.1.1　PSR 模型概述

　　PSR 概念框架即"压力—状态—响应"模型，始于 20 世纪 70 年代，由加拿大政府首先应用于政府方面经济预算与环境保护的问题研究[58]。该框架由压力指标、状态指标和响应指标这三类指标构成，其中，P 代表压力，反映的是输出；S 代表的是状态，反映的是收益；R 代表的是响应，反映的是投入。

PSR 模型是能够反映人类活动施加的压力、系统状态以及人类做出的响应,其主要优点在于它突出了环境与面对环境的应力之间的因果关系,以及压力、状态、响应各层的相互作用。主要目的是在评价环境系统可持续性的基础上,探讨人类活动与环境变化之间的因果关系。该方法在水体流域环境中应用比较广泛。

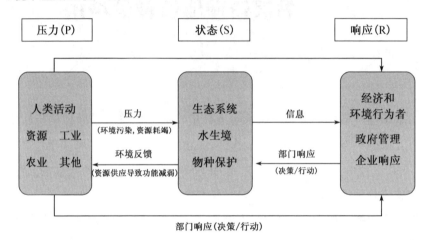

图 2 - 1 PSR 框架构建图

因此,本研究基于文献调研,系统梳理了国内外水生态环境功能分区管理绩效评估的研究,形成绩效评估指标集。基于江苏省太湖流域典型问题分析,综合考虑国家、省级层面相关政策规划,采用 PSR 模型,从"压力—状态—响应"三个方面筛选绩效评估指标,构建多层级、多指标的综合绩效评估指标体系。随后,根据相关标准确定各指标的阈值范围及相对权重,形成水生态环境功能分区不同管理目标下的差异化绩效评估指标及绩效评估技术。在此基础上,基于考核要求以及相关政策规划文件,研究进一步确定了太湖流域水生态环境功能分区管理绩效评估的原则、过程及方法,形成太湖流域水生态环境功能分区管理绩效标准化评估流程,并利用 GIS 技术构建面向太湖流域水生态环境功能分区考核、与规划政策等措施紧密关联、反映时空变化的绩效评估方法。

2.1.2　分区管理绩效评估指标筛选原则

1. 一般性原则

科学系统原则。从流域整体出发,科学系统地反映水生态系统及其生境的空间分布特征,确定保护的关键物种、濒危物种和重要生境。明确流域水生态功能要求,确定生态安全目标。

客观、可操作性原则。能够切实反映流域水生态环境功能分区管理的绩效,并具有可操作性。

综合性原则。结合流域自然与社会经济发展状况,多维度评估流域水生态环境功能分区管理绩效。

指标的公平性。综合考虑各地不同经济社会环境情况,选取的指标要具有代表性,且为各地政府关注的指标。

数据可获得性。所有指标数据应较易获得,并且涉及的部门尽可能少。

2. 政策导向,建立与规划紧密结合的绩效评估技术体系

《江苏省太湖流域水生态环境功能区划(试行)》统筹考虑自然生态各要素,进行整体保护、系统修复、综合治理,增强生态系统循环能力,维护生态平衡。推进我省环境管理实现"四个转变":从保护水资源的利用功能向保护水生态服务功能转变,从单一水质目标管理向水质、水生态双重管理转变,从目标总量控制向容量总量控制转变,从水陆并行管理向水陆统筹管理转变,促进流域水生态系统健康与社会经济协调可持续发展。

《江苏省太湖流域水生态功能分区管理办法》从推进产业结构调整、强化污染减排、完善现有水生态环境监控网络、开展水生态功能监测与评估、加强水生态保护与修复、加大物种保护力度等方面提出了不同分区、不同时期的水生态环境功能分区管控目标的实现途径和措施。

《水污染防治行动计划》提出要深化重点流域污染防治,对江河湖海实

施分流域、分区域、分阶段科学治理,系统推进水污染防治、水生态保护和水资源管理。对化学需氧量、氨氮、总磷、重金属及其他影响人体健康的污染物采取针对性措施。严格环境准入。根据流域水质目标和主体功能区规划要求,明确区域环境准入条件,细化功能分区,实施差别化环境准入政策,全面提高工业企业清洁生产水平。

3. 凸显太湖特色,建立面向功能分区考核的绩效评估技术体系

以太湖分区管理目标为导向,逐步实施水质、水生态、空间三重管控,实现分区、分类、分级、分期管理。从水功能分区管控效果入手,以水质水生态管理、物种保护及空间管控的直接影响作为指标。对生态Ⅰ级区、Ⅱ级区重点实施生态保护,对生态Ⅲ级区、Ⅳ级区重点实施生态修复。实施差别化的流域产业结构调整与准入政策。进一步完善城乡生活污水、垃圾集中处理等环境基础设施建设,切实提高城镇污水处理率和垃圾无害化集中处理率。

结合太湖流域特色,对照国家 2020 年目标要求,太湖湖体总磷指标仍有一定差距。主要入湖河流总磷和总氮指标差距较大。太湖流域产业结构仍然偏重。传统行业污染物排放量较大,污染物排放总量大于环境容量的基本状况。《区划》提出要全面提高太湖流域工业企业清洁生产水平,不断提升城镇垃圾处理水平。

4. 研究的整体性,建立全面系统的绩效评估技术体系

在太湖流域相关研究中,相关部门以《江苏省太湖流域水生态环境功能区划》生态管控、空间管控和物种保护三大类管理目标为基础,结合流域水生态环境功能分区质量评价,对太湖流域水生态环境功能分区管理进行考核。考核办法主要包括水质水生态考核、空间管控目标和物种保护目标。水质水生态考核包括水质断面考核、水生态健康指数考核和污染物排放总量控制考核;空间管控目标包括生态红线和土地利用;物种保护目标包括底栖敏感种、鱼类敏感种和保护物种。本研究指标是在考核指标选取的基础上进一步拓展,更加全面地对分区管理绩效进行评估,考核指标主要根据水质水生态、空间管控和物种保护进行目标考核。本研究的绩效评估指标基于流域考核指标进一步拓展到政府管理类等指标，纵向比较同一地区不同年份的得分变化情况，横向比较同一年份不同地区的分值排序情况。

5. 指标时空差异大，建立反映时空变化的绩效评估技术体系

为揭示不同时间、不同水生态环境功能分区绩效评估的时空变化格局，筛选时间上有所变化、空间上有所差异的指标作为绩效评估指标体系。收集不同年份指标数据，得到绩效评估结果，对比得到水生态环境功能分区在时间上的变化趋势。利用 GIS 技术，将不同水生态环境功能分区结果呈现出空间格局差异，最终形成与《江苏省太湖流域水生态环境功能区划》中管理规定和职责分工相对应的多目标、多尺度、多层级、多指标的水生态环境功能分区管理实施效果动态集成评估技术。

2.1.3　太湖流域水生态环境功能分区管理绩效评估指标体系

基于以上分析，研究采用 PSR 模型，构建各项指标与不同类型水生态环境功能分区之间的定性定量响应关系，并针对压力、状态和响应分别列出各分区目标层。构建的指标体系如表 2-1 所示。

压力层指标从环境污染和资源利用两个方面筛选。人们在不断开发利用自然资源的同时，产生了环境污染，对生态系统造成压力。《江苏省太湖流域水生态功能区划》提出要对污染物进行总量控制，从单位面积 COD、氨氮排放强度、终端废水污染物排放方面体现了对环境产生的压力，客观评估了各功能分区污染物总量控制情况。太湖湖体总磷指标较差，作为太湖特征污染物，将单位面积总磷排放强度纳入环境污染总量控制因子，体现了太湖治理特色。专家建议增加单位耕地面积化肥施用量指标，体现了水环境中农业源污染排放情况。

状态层指标从水生境和物种保护两方面筛选指标。水生境体现了水生态环境功能分区水质状况，物种保护体现了生态环境中生物情况。《江苏省

表2-1 太湖流域水生态环境功能分区管理绩效评估指标体系

准则层	分目标层	指标层	计算公式及说明	指标选取依据
压力（环境效率）	环境污染	单位面积COD排放强度（-）	化学需氧量排放总量/土地面积	《江苏省太湖流域水生态功能区划》提出要对污染物进行总量控制，单位面积COD排放强度从终端废水排放方面体现了对环境产生的压力
		单位面积氨氮排放强度（-）	氨氮排放总量/土地面积	
		单位面积总磷排放强度（-）	总磷排放总量/土地面积	太湖湖体总磷指标较差，关注度日益增加，体现了太湖治理特色
		单位耕地面积化肥施用量（-）	化肥施用量/耕地面积	从农业源排放造成流域压力，体现了水环境中农业源污染排放情况
	资源利用	建设用地面积占比（-）	建设用地面积/土地面积	建设用地的扰动给分区生境造成压力，建设用地面积占比体现了土地利用情况
		单位GDP用水量（-）	用水总量/区域GDP	用水资源通过着对水体造成压力。《江苏省太湖流域水生态功能区划》提出要实施差别化的流域产业结构调整与准入政策，万元GDP水耗从水资源利用方面体现了对水资源的利用效率
状态（环境质量）	水质	重点监控断面优Ⅲ类比例（+）	水质省考及以上断面达标数/省考及以上断面总数	《江苏省太湖流域水生态功能区划》中明确将水质作为主要考核指标之一，明确水质管控目标
	水生态	水生态健康指数（+）	由藻类、底栖生物、水质、富营养等指数组成	《江苏省太湖流域水生态功能区划》中明确将水生态健康作为主要考核指标之一，明确水生态分级管控目标
	土地利用	湿地+林地占比（+）	湿地面积占比+林地面积占比	《江苏省太湖流域水生态功能区划》中明确将土地利用作为主要考核指标之一，明确分级空间管控目标，确定分级湿地+林地面积比例目标

（续表）

准则层	分目标层	指标层	计算公式及说明	指标选取依据
	物种保护	底栖敏感种达标情况（＋）	底栖敏感种检出数量/区划要求检出物种数量	底栖敏感种是指对太湖流域水生态环境变化反应敏感的底栖物种，同时明确各功能分区水生物种保护情况，在一定程度上可以反映太湖水生态环境的状况
	污水处理	城市污水处理率（＋）	经管网进入污水处理厂处理的城市污水量与污水排放总量比值	太湖治理明确污水处理厂升级改造任务，为末端响应，城市污水处理率体现了污水处理设施管理情况
响应（环境治理）	清洁生产	清洁生产审核重点企业个数比例（＋）	江苏省对外公布实施强制性清洁生产审核的重点企业名单中企业个数/区域企业总个数	江苏省对外公布企业名单。公布名单的企业应该按照有关规定，公布后两个月内开展清洁生产审核，为源头响应
	清洁生产	高新技术产业产值占规模以上工业产值比重（＋）	高新技术产业产值与规模以上工业产值比值	高新技术产业是以高新技术为基础，从事一种或多种高新技术及其产品的研究、开发，生产和技术服务的企业集合。体现了地区的产业集合，为社会整体响应
	产业结构调整	单位GDP能耗（－）	综合能源消耗量/区域GDP	能耗既能反映产业结构调整，也能反映淘汰落后产能效果。体现分区考核政策推动产业升级，为社会整体响应

太湖流域水生态功能区划》中明确将水质、水生态健康以及物种保护情况作为主要考核指标,明确各指标中长期管控目标。

响应层指标从污水处理、清洁生产及产业结构调整三个方面筛选指标。《江苏省"十三五"太湖流域水环境综合治理行动方案》中明确要求不断开展污水处理厂升级改造,全面提高工业企业清洁生产水平,并提出产业结构调整任务仍然艰巨,应不断推进区域产业转型升级。

2.2 管理绩效评估技术

2.2.1 数据标准化

由于各项指标的计量单位不统一,需要进行标准化处理,本研究针对每个指标选取一定的参考值,并无量纲化处理指标现状值,在参考对比的基础上进行环境绩效指数综合评估。对于正向指标,归一化处理序列中指标上限参考值赋值为1;对于逆向指标,归一化处理序列指标下限制赋值为1。具体公式如下:

对于正向指标:

$$x_{ij} = \begin{cases} \dfrac{a}{a_{ref}}, a < a_{ref} \\ 1, a \geqslant a_{ref} \end{cases} \qquad (2-1)$$

对于负向指标:

$$x_{ij} = \begin{cases} \dfrac{a_{ref}}{a}, a > a_{ref} \\ 1, a \leqslant a_{ref} \end{cases} \qquad (2-2)$$

式中,a 为指标的数值;a_{ref} 为指标参考值;x_{ij} 为指标的标准化结果。其中不同功能分区的管控目标不一,因此根据国家与地方的相关标准、科学研究成果等分别对四类功能分区选取不同的标准参考值,从而突出分区不同的管控要求,具体参考值取值见附表2。

2.2.2　指标赋权与绩效评估结果

为了更真实可靠地反映太湖流域分区管理绩效结果,更接近实际情况,本研究优化了单一的均权法,结合专家判断矩阵打分确定最终具体指标权重,即主客观组合赋权法,从目标层到准则层、指标层逐一赋权。首先将指标权重严格均权下去,与专家进行开会研讨,对权重是否反映实际情况进行深入讨论。

本研究认为太湖流域状态为管理效果最直接的体现,《区划》中明确将水质水生态、土地利用及物种保护列为重点管控目标,因此认为状态指标与压力、响应相比较为重要,根据相对重要标准,形成一级指标判断矩阵,如表2-2所示,状态被赋予较高权重,压力、状态、响应的权重比为2:6:2。

表2-2　一级指标判断矩阵

水生态环境功能分区环境绩效指数	A_i			
	压力	状态	响应	权重 W_i
压力	1	1/3	1	0.2
状态	3	1	3	0.6
响应	1	1/3	1	0.2

而状态层中,由于物种保护情况通过流域生物检出情况间接反映水质健康状态,认为物种保护指标与水质、水生态、土地利用相比,对结果的影响较不突出,本研究对状态层二级指标进行判断矩阵打分,如表2-3所示,物种保护被赋予较低权重。

表 2-3　二级指标判断矩阵

状态子系统	B_i				权重 W_i
	水质	水生态	土地利用	物种保护	
水质	1	1	1	3	0.3
水生态	1	1	1	3	0.3
土地利用	1	1	1	3	0.3
物种保护	1/3	1/3	1/3	1	0.1

　　基于主观赋权对均权法的改良,权重由准则层向分目标层、指标层继续向下均分,由此逐级加权得到各具体指标权重值,见表 2-4。

表 2-4　太湖流域水生态环境功能分区管理绩效评估指标权重

准则层	权重	分目标层	权重	指标层	权重
压力	0.2	环境污染	0.100	单位面积化学需氧量排放强度	0.025
				单位面积氨氮排放量强度	0.025
				单位面积总磷排放量强度	0.025
				单位耕地面积化肥施用量	0.025
		资源利用	0.100	建设用地面积占比	0.050
				单位 GDP 用水量	0.050
状态	0.6	水质	0.180	重点监控断面优Ⅲ类比例	0.180
		水生态	0.180	水生态健康指数	0.180
		土地利用	0.180	湿地+林地占比	0.180
		物种保护	0.060	底栖敏感种达标情况	0.060
响应	0.2	污水治理	0.067	城市污水处理率	0.067
		清洁生产	0.067	清洁生产审核重点企业个数比例	0.067
		产业结构调整	0.067	高新技术产业产值占规模以上工业产值比重	0.033
				单位 GDP 能耗	0.033

· 34 ·

环境绩效指数（Environmental Performance Index，EPI）是对政策中的环保绩效的量化度量，通过将所有指标值根据指标权重进行线性加和的结果，具体公式如下：

$$EPI = \sum_{i=1}^{n} (w_i \, x_i) \qquad (2-3)$$

式中，n 为指标数；w_i 为第 i 个指标的权重；x_i 为该指标的标准化值。

第三章 太湖流域水生态环境功能分区管理绩效评估

"十二五"期间,江苏省划分太湖流域水生态环境功能分区49个,分为生态Ⅰ级区、Ⅱ级区、Ⅲ级区和Ⅳ级区共四个等级,并制订了水生态管理、空间管控和物种保护三大类目标,建立了分区、分级、分类、分期管理体系。本研究为考核太湖流域水生态功能分区管理的实施效果,基于构建的绩效评估指标体系,以2016—2018年为评估年份,对太湖流域49个功能分区进行绩效评估,形成面向太湖流域水生态环境功能分区考核的、与规划政策等措施紧密关联的、反映时空变化的管理绩效评估结果与分析。

3.1 数据获取及来源

研究以水生态功能分区为评估对象,从统计年鉴、政府年度工作报告或国民经济社会发展统计公报中搜集水生态功能分区涉及的乡镇/街道数据。包括常州市、镇江市、南京市、无锡市和苏州市5个地级市及30个县级市,具体见附件1。其中绩效评估指标体系中各指标的数据来源如表3-1所示。

表 3-1　太湖流域水生态环境功能分区管理绩效评估指标数据来源

数据类别	数据来源
单位面积化学需氧量排放强度	环境统计数据
单位面积氨氮排放量	环境统计数据
单位面积总磷排放量	环境统计数据
单位耕地面积化肥施用量	江苏省统计年鉴
建设用地面积占比	土地利用遥感数据 (https://www.resdc.cn/)
单位 GDP 用水量	各地市水资源公报
重点监控断面水质达标比例	断面监测数据 (江苏省环境科学研究院提供)
水生态健康指数	断面监测数据 (江苏省环境科学研究院提供)
湿地＋林地占比	土地利用遥感数据 (https://www.resdc.cn/)
底栖敏感种达标情况	断面监测数据 (江苏省环境科学研究院提供)
城市污水处理率	江苏省统计年鉴
清洁生产审核重点企业个数比例	政府部门网站公布
高新技术产业产值占规模以上工业产值比重	各地市统计年鉴、年度工作报告
单位 GDP 能耗	江苏省统计年鉴

　　部分指标数据只能获取得到县区层面,故通过 GDP、人口及土地面积折算得到 49 个功能分区指标值,并对正负指标分别作标准化处理。

3.2 分区管理绩效评估结果分析

3.2.1 综合绩效评估指数

基于上述方法体系,计算得到 2016—2019 年太湖流域 49 个水生态功能分区综合绩效指数得分。本研究以生态功能分区为评估对象,分别得到49 个生态功能分区结果,而由于治理责任仍落到县区层面,因此以县区为基本单元,展示其涉及生态功能分区 2016—2019 年得分情况以及 2016—2019 年得分变化情况,具体见表 3-2。由表可知,太湖流域水生态功能分区综合绩效得分整体均有不同程度的提高,其中以生态Ⅱ级区-10 太湖南部湖区重要生境维持—水文调节功能区增加最为明显,该区域类型为湖区,涉及行政区域为苏州市吴中区,综合绩效得分由 2016 年的 58.97 分增加至2019 年的 90.00 分,主要原因是省考及以上断面优Ⅲ类比例由 2016 年的0%提升至 2019 年的 100%,漾西港监测断面水质类别提升明显。其中综合绩效得分下降最为明显的水生态功能区为生态Ⅱ级区-06 贡湖东岸生物多样性维持—水文调节功能区,该区域为陆域,涉及行政区域包括苏州高新区及相城区相关乡镇。综合绩效得分由 2016 年的 65.14 分下降至2019 年的 58.18 分,主要原因是浒关上游监测断面于 2019 年水质类别下降至Ⅳ类水,水质变差,同时水生态健康指数及底栖敏感种达标情况较差。

表 3－2　太湖流域水生态环境功能分区管理综合绩效评估结果（地级市）

地级市	县级市	生态功能分区	2016 年	2017 年	2018 年	2019 年	2019—2016（差值）
常州	金坛区	Ⅰ－01	71.46	72.84	77.32	74.03	2.57
		Ⅱ－01	55.04	76.75	75.27	82.17	27.13
		Ⅲ－04	63.44	68.54	73.67	63.79	0.35
	武进区	Ⅱ－02	59.81	69.49	79.40	55.84	－3.97
		Ⅱ－07*	65.64	95.64	67.82	61.60	－4.04
		Ⅱ－09*	58.97	58.97	59.82	57.91	－1.06
		Ⅲ－09	68.79	81.44	66.38	87.93	19.13
		Ⅲ－12	71.15	85.22	78.61	87.68	16.53
		Ⅲ－20*	63.33	63.33	56.44	62.50	－0.83
		Ⅳ－02	54.43	70.43	72.90	74.66	20.22
		Ⅳ－03	59.91	67.80	79.69	70.88	10.97
	新北区	Ⅲ－03	65.82	71.52	81.32	76.18	10.35
		Ⅲ－08	60.59	69.13	72.22	71.47	10.88
		Ⅳ－02	54.43	70.43	72.90	74.66	20.22
	天宁区	Ⅳ－02	54.43	70.43	72.90	74.66	20.22
		Ⅳ－03	59.91	67.80	79.69	70.88	10.97
	钟楼区	Ⅳ－02	54.43	70.43	72.90	74.66	20.22
	溧阳市	Ⅰ－02	80.48	88.68	88.47	88.48	8.00
		Ⅲ－05	79.37	86.76	84.62	81.81	2.44
		Ⅲ－06	72.55	85.86	86.86	82.24	9.70
镇江	丹徒区	Ⅱ－01	55.04	76.75	75.27	82.17	27.13
		Ⅳ－01	74.34	85.91	86.54	85.97	11.63
	句容市	Ⅱ－01	55.04	76.75	75.27	82.17	27.13
		Ⅲ－01	70.63	88.34	81.22	88.04	17.40
	丹阳市	Ⅲ－02	78.15	86.84	84.03	83.08	4.93
		Ⅲ－03	65.82	71.52	81.32	76.18	10.35

（续表）

地级市	县级市	生态功能分区	2016 年	2017 年	2018 年	2019 年	2019—2016（差值）
	京口区	Ⅳ－01	74.34	85.91	86.54	85.97	11.63
	润州区	Ⅳ－01	74.34	85.91	86.54	85.97	11.63
	镇江新区	Ⅳ－01	74.34	85.91	86.54	85.97	11.63
南京	高淳区	Ⅲ－05	79.37	86.76	84.62	81.81	2.44
无锡	宜兴市	Ⅰ－03	78.27	83.65	81.36	83.36	5.09
		Ⅱ－02	59.81	69.49	79.40	55.84	－3.97
		Ⅱ－03	69.91	81.86	71.27	77.43	7.52
		Ⅱ－07*	65.64	95.64	67.82	61.60	－4.04
		Ⅱ－09*	58.97	58.97	59.82	57.91	－1.06
		Ⅲ－07	73.70	91.88	85.09	85.42	11.73
		Ⅲ－10	66.16	83.11	75.69	80.55	14.39
		Ⅲ－11	65.61	75.87	70.69	77.84	12.24
		Ⅲ－20*	63.33	63.33	56.44	62.50	－0.83
	滨湖区	Ⅱ－08	57.33	57.33	60.03	59.95	2.62
		Ⅱ－09	58.97	58.97	59.82	57.91	－1.06
		Ⅲ－12	71.15	85.22	78.61	87.68	16.53
		Ⅲ－13	68.23	81.17	84.44	75.11	6.88
		Ⅲ－20*	63.33	63.33	56.44	62.50	－0.83
	江阴市	Ⅲ－08	60.59	69.13	72.22	71.47	10.88
		Ⅳ－03	59.91	67.80	79.69	70.88	10.97
		Ⅳ－04	70.06	85.52	79.36	81.85	11.80
		Ⅳ－05	60.70	68.20	62.20	86.39	25.70
		Ⅳ－07	56.22	69.06	61.90	80.19	23.97
	惠山区	Ⅲ－12	71.15	85.22	78.61	87.68	16.53
		Ⅳ－03	59.91	67.80	79.69	70.88	10.97
		Ⅳ－06	60.30	62.40	78.41	78.39	18.09

（续表）

地级市	县级市	生态功能分区	2016 年	2017 年	2018 年	2019 年	2019—2016（差值）
苏州	新吴区	Ⅲ-13	68.23	81.17	84.44	75.11	6.88
		Ⅲ-14	69.85	74.78	73.72	69.22	−0.63
		Ⅳ-06	60.30	62.40	78.41	78.39	18.09
	锡山区	Ⅲ-14	69.85	74.78	73.72	69.22	−0.63
		Ⅲ-19	64.57	87.08	79.59	80.04	15.47
		Ⅳ-06	60.30	62.40	78.41	78.39	18.09
	梁溪区	Ⅳ-06	60.30	62.40	78.41	78.39	18.09
	相城区	Ⅰ-04	59.91	70.44	68.63	66.80	6.89
		Ⅱ-06	65.14	72.48	69.90	58.18	−6.96
		Ⅱ-08*	57.33	57.33	60.03	59.95	2.62
		Ⅲ-19	64.57	87.08	79.59	80.04	15.47
		Ⅳ-14	82.69	84.61	86.43	84.52	1.83
	高新区	Ⅰ-05*	80.10	93.43	88.10	74.19	−5.90
		Ⅱ-06	65.14	72.48	69.90	58.18	−6.96
		Ⅱ-08	57.33	57.33	60.03	59.95	2.62
		Ⅱ-09	58.97	58.97	59.82	57.91	−1.06
		Ⅳ-14	82.69	84.61	86.43	84.52	1.83
	吴中区	Ⅰ-05*	80.10	93.43	88.10	74.19	−5.90
		Ⅱ-05	64.39	65.28	68.37	65.84	1.44
		Ⅱ-09*	58.97	58.97	59.82	57.91	−1.06
		Ⅱ-10*	58.97	58.97	60.00	90.00	31.03
		Ⅲ-17	78.65	86.16	87.80	90.24	11.59
		Ⅲ-18	89.44	88.99	86.20	84.85	−4.59
		Ⅲ-20*	63.33	63.33	56.44	62.50	−0.83
		Ⅳ-14	82.69	84.61	86.43	84.52	1.83
		Ⅰ-05*	80.10	93.43	88.10	74.19	−5.90

(续表)

地级市	县级市	生态功能分区	2016 年	2017 年	2018 年	2019 年	2019—2016（差值）
		Ⅱ-04	71.25	75.59	78.77	72.95	1.70
		Ⅲ-17	78.65	86.16	87.80	90.24	11.59
	吴江区	Ⅲ-18	89.44	88.99	86.20	84.85	−4.59
		Ⅳ-13	63.78	65.07	61.79	65.36	1.58
		Ⅳ-14	82.69	84.61	86.43	84.52	1.83
		Ⅲ-15	60.37	72.76	73.80	71.68	11.31
	常熟市	Ⅲ-16	78.18	76.44	83.25	82.54	4.36
		Ⅳ-10	68.10	89.64	90.32	87.98	19.88
	张家港市	Ⅳ-08	50.33	74.26	73.75	72.68	22.35
		Ⅳ-09	51.69	63.00	84.93	82.15	30.46
	太仓市	Ⅳ-11	64.61	87.60	84.12	87.23	22.63
		Ⅳ-12	69.19	84.15	85.70	84.82	15.64
	昆山市	Ⅲ-17	78.65	86.16	87.80	90.24	11.59
		Ⅳ-12	69.19	84.15	85.70	84.82	15.64
	姑苏区	Ⅳ-14	82.69	84.61	86.43	84.52	1.83
	苏州工业园区	Ⅳ-14	82.69	84.61	86.43	84.52	1.83

注:表格中带 * 号表示此功能分区为湖区

表 3-3 太湖流域水生态环境功能分区管理综合绩效评估结果(功能分区)

水生态环境功能分区	2016 年	2017 年	2018 年	2019 年	2016—2019
Ⅰ-01	71.46	72.84	77.32	74.03	2.57
Ⅰ-02	80.48	88.68	88.47	88.48	8.00
Ⅰ-03	78.27	83.65	81.36	83.36	5.09
Ⅰ-04	59.91	70.44	68.63	66.80	6.89
Ⅰ-05*	80.10	93.43	88.10	74.19	−5.90
Ⅱ-01	55.04	76.75	75.27	82.17	27.13

（续表）

水生态环境功能分区	2016 年	2017 年	2018 年	2019 年	2016—2019
Ⅱ-02	59.81	69.49	79.40	55.84	−3.97
Ⅱ-03	69.91	81.86	71.27	77.43	7.52
Ⅱ-04	71.25	75.59	78.77	72.95	1.70
Ⅱ-05	64.39	65.28	68.37	65.84	1.44
Ⅱ-06	65.14	72.48	69.90	58.18	−6.96
Ⅱ-07*	65.64	95.64	67.82	61.60	−4.04
Ⅱ-08*	57.33	57.33	60.03	59.95	2.62
Ⅱ-09*	58.97	58.97	59.82	57.91	−1.06
Ⅱ-10*	58.97	58.97	60.00	90.00	31.03
Ⅲ-01	70.63	88.34	81.22	88.04	17.40
Ⅲ-02	78.15	86.84	84.03	83.08	4.93
Ⅲ-03	65.82	71.52	81.32	76.18	10.35
Ⅲ-04	63.44	68.54	73.67	63.79	0.35
Ⅲ-05	79.37	86.76	84.62	81.81	2.44
Ⅲ-06	72.55	85.86	86.86	82.24	9.70
Ⅲ-07	73.70	91.88	85.09	85.42	11.73
Ⅲ-08	60.59	69.13	72.22	71.47	10.88
Ⅲ-09	68.79	81.44	66.38	87.93	19.13
Ⅲ-10	66.16	83.11	75.69	80.55	14.39
Ⅲ-11	65.61	75.87	70.69	77.84	12.24
Ⅲ-12	71.15	85.22	78.61	87.68	16.53
Ⅲ-13	68.23	81.17	84.44	75.11	6.88
Ⅲ-14	69.85	74.78	73.72	69.22	−0.63
Ⅲ-15	60.37	72.76	73.80	71.68	11.31
Ⅲ-16	78.18	76.44	83.25	82.54	4.36
Ⅲ-17	78.65	86.16	87.80	90.24	11.59
Ⅲ-18	89.44	88.99	86.20	84.85	−4.59

(续表)

水生态环境功能分区	2016 年	2017 年	2018 年	2019 年	2016—2019
Ⅲ - 19*	64.57	87.08	79.59	80.04	15.47
Ⅲ - 20	63.33	63.33	56.44	62.50	−0.83
Ⅳ - 01	74.34	85.91	86.54	85.97	11.63
Ⅳ - 02	54.43	70.43	72.90	74.66	20.22
Ⅳ - 03	59.91	67.80	79.69	70.88	10.97
Ⅳ - 04	70.06	85.52	79.36	81.85	11.80
Ⅳ - 05	60.70	68.20	62.20	86.39	25.70
Ⅳ - 06	60.30	62.40	78.41	78.39	18.09
Ⅳ - 07	56.22	69.06	61.90	80.19	23.97
Ⅳ - 08	50.33	74.26	73.75	72.68	22.35
Ⅳ - 09	51.69	63.00	84.93	82.15	30.46
Ⅳ - 10	68.10	89.64	90.32	87.98	19.88
Ⅳ - 11	64.61	87.60	84.12	87.23	22.63
Ⅳ - 12	69.19	84.15	85.70	84.82	15.64
Ⅳ - 13	63.78	65.07	61.79	65.36	1.58
Ⅳ - 14	82.69	84.61	86.43	84.52	1.83

注:表格中带 * 号表示此功能分区为湖区

为使结果更为直观,通过对综合绩效得分均值处理,由图 3 - 1 所示,从时间尺度上来看,综合绩效指数逐年上升,2019 年综合绩效指数均值为 77.02,相较于 2016 年提高了 9.85 分。其中,压力、状态、响应指数分别提高了 3.19 分、16.01 分、−2.84 分,3 项指数对综合绩效指数提高的贡献率分别为 19.48%、97.89% 和 −17.36%。总体而言,状态类指标整体上得到了良好的改善,压力类指标稳步提升,响应类指标基本保持较为稳定的状态(区间为 75—85 分)。

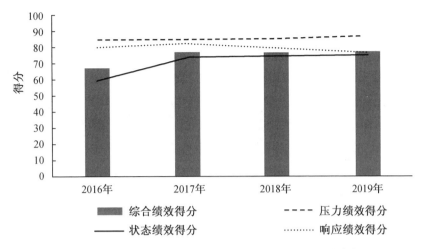

图 3－1　水生态环境功能分区整体综合绩效得分均值变化

　　从空间方面来看,对四类生态功能分区分别计算其综合绩效指数平均值,结果如图 3－2 所示。绩效评估方法针对依据功能分区特性,对于每一类功能分区设置不同参考值进行计算,四类功能分区参考值呈生态Ⅰ级区＞生态Ⅱ级区＞生Ⅲ级区＞生态Ⅳ级区梯度下降,以各水生态环境功能分区不同参考值进行标准化,得到其绩效相对改善结果。结果显示四类生态功能分区得分相差不大,表明实际水生态环境功能分区管理绩效生态Ⅰ级区至生态Ⅳ级区呈梯度下降态势,各生态功能分区针对其设定目标达成度趋于一致,也说明目标设定的合理性,整体上与功能区划分基本匹配,符合客观事实规律。从时间方面来看,四类生态功能分区 2016—2019 年整体有所波动,2019 年综合绩效指数相比于 2016 年均有不同程度的增加。其中生态Ⅰ级区、生态Ⅱ级区 2017、2018 年综合绩效表现最优,2019 年波动下降;生态Ⅲ级区呈波动性上升趋势,2018 年综合绩效指数有所下降,但 2019 年有所回升;生态Ⅳ级区综合绩效指数逐年步上升,管理绩效改善成果显著,2019 年较 2016 年综合绩效指数增加 26.71%。2017 年整体变化最为明显,四类功能分区综合绩效得分均有不同程度增加,2018 年、2019 年增加幅度变缓,生态Ⅰ级区、生态Ⅲ级区综合绩效得分有小幅度回落,但整体仍呈提升趋势。

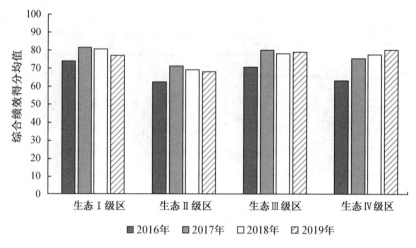

图 3-2 四类生态功能分区综合绩效得分均值变化

为从时空方面便于绩效评估比较,通过 GIS 技术实现多时空维度下的分区管理绩效动态展现,对不同分区、不同评估期的评估绩效进行纵、横层面上的对比分析。利用 GIS 可视化呈现各生态功能分区的综合绩效指数,对绩效评估指数综合得分区间以不同颜色进行区分,展示绩效评估结果在各功能分区间的分布,如图 3-3(附图)。太湖流域生态功能分区综合绩效

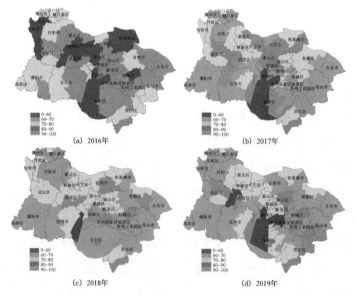

图 3-3 太湖流域水生态环境功能分区管理综合绩效指数空间分布

水平不断向好发展,其中 2017 年提升最为明显,2016 年综合绩效得分多集中在 60—80 分,而 2017 年环境管理改善效果最为明显,80—100 分区间功能分区个数显著增加,至 2019 年环境管理绩效持续呈改善态势,综合绩效得分多集中在 70—90 分。

3.2.2 压力系统发展趋势分析

基于压力层指标体系及权重设置,计算单项压力层级得分,从而探究综合绩效指数得分及变化的深层原因。计算得到 2016—2019 年太湖流域 49 个水生态功能分区压力指数得分,具体见表 3 - 4。由表可知,太湖流域水生态功能分区压力得分整体有所提高,部分分区指标稍有下降,其中生态Ⅲ级区 - 08 江阴西部水环境维持—水质净化功能区得分下降相对较为明显,2019 年压力层指标得分较 2016 年下降 12.10 分,其涉及行政区域包括无锡宜兴市和常州新北区,得分下降主要原因是氨氮及总磷排放量增加明显,污染减排力度不够。其他地区污染物减排力度不断加大,COD、氨氮、总磷污染物减排效果显著,得分明显提升,其中以生态Ⅳ级区 - 11 太仓北部重要生境维持—水质净化功能区最为明显,其涉及行政区域包括苏州太仓市,压力层得分在 2016—2019 年间得到极大提升,主要原因为污染物排放得到良好的控制,尤其是总磷的排放控制。

表 3 - 4 太湖流域水生态环境功能分区管理绩效压力层结果

地级市	县级市	生态功能分区	2016 年	2017 年	2018 年	2019 年	2019—2016（差值）
常州	金坛区	Ⅰ - 01	92.23	92.01	91.65	95.56	3.33
		Ⅱ - 01	92.47	92.92	92.83	94.65	2.19
		Ⅲ - 04	94.12	93.82	91.33	98.78	4.66
	武进区	Ⅱ - 02	100.00	100.00	100.00	96.87	−3.13
		Ⅲ - 09	100.00	100.00	100.00	98.78	−1.22
		Ⅲ - 12	93.02	93.23	93.41	93.04	0.02

（续表）

地级市	县级市	生态功能分区	2016 年	2017 年	2018 年	2019 年	2019—2016（差值）
		Ⅳ - 02	80.85	75.18	76.47	78.86	-1.99
		Ⅳ - 03	88.31	84.67	81.87	82.70	-5.61
	新北区	Ⅲ - 03	96.65	96.74	96.85	99.54	2.89
		Ⅲ - 08	85.61	71.47	68.09	73.51	-12.10
		Ⅳ - 02	80.85	75.18	76.47	78.86	-1.99
	天宁区	Ⅳ - 02	80.85	75.18	76.47	78.86	-1.99
		Ⅳ - 03	88.31	84.67	81.87	82.70	-5.61
	钟楼区	Ⅳ - 02	80.85	75.18	76.47	78.86	-1.99
	溧阳市	Ⅰ - 02	95.36	95.57	96.08	98.39	3.03
		Ⅲ - 05	99.00	99.08	100.00	100.00	1.00
		Ⅲ - 06	98.50	98.80	99.52	100.00	1.50
镇江	丹徒区	Ⅱ - 01	92.47	92.92	92.83	94.65	2.19
		Ⅳ - 01	50.74	63.59	67.85	70.76	20.02
	句容市	Ⅱ - 01	92.47	92.92	92.83	94.65	2.19
	丹阳市	Ⅲ - 01	97.90	96.28	95.29	95.95	-1.95
		Ⅲ - 02	90.14	89.56	88.16	88.87	-1.27
		Ⅲ - 03	96.65	96.74	96.85	99.54	2.89
	京口区	Ⅳ - 01	50.74	63.59	67.85	70.76	20.02
	润州区	Ⅳ - 01	50.74	63.59	67.85	70.76	20.02
	镇江新区	Ⅳ - 01	50.74	63.59	67.85	70.76	20.02
南京	高淳区	Ⅲ - 05	99.00	99.08	100.00	100.00	1.00
无锡	宜兴市	Ⅰ - 03	93.40	93.51	93.83	94.26	0.86
		Ⅱ - 02	100.00	100.00	100.00	96.87	-3.13
		Ⅱ - 03	88.75	83.76	81.19	82.19	-6.56
		Ⅲ - 07	95.77	95.91	96.37	96.97	1.20
		Ⅲ - 10	95.77	95.91	96.37	96.97	1.20
		Ⅲ - 11	95.77	95.91	95.17	95.60	-0.17

地级市	县级市	生态功能分区	2016 年	2017 年	2018 年	2019 年	2019—2016（差值）
	滨湖区	Ⅲ-12	93.02	93.23	93.41	93.04	0.02
		Ⅲ-13	73.92	62.13	71.97	72.49	−1.43
	江阴市	Ⅲ-08	85.61	71.47	68.09	73.51	−12.10
		Ⅳ-03	88.31	84.67	81.87	82.70	−5.61
		Ⅳ-04	61.73	76.09	75.88	73.75	12.02
		Ⅳ-05	88.77	96.05	95.99	96.20	7.43
		Ⅳ-07	66.90	78.75	78.58	79.63	12.73
	惠山区	Ⅲ-12	93.02	93.23	93.41	93.04	0.02
		Ⅳ-03	88.31	84.67	81.87	82.70	−5.61
		Ⅳ-06	63.74	71.72	64.73	65.87	2.13
	新吴区	Ⅲ-13	73.92	62.13	71.97	72.49	−1.43
		Ⅲ-14	85.26	81.71	79.35	79.21	−6.06
		Ⅳ-06	63.74	71.72	64.73	65.87	2.13
	锡山区	Ⅲ-14	85.26	81.71	79.35	79.21	−6.06
		Ⅲ-19	90.55	91.31	93.18	93.45	2.90
		Ⅳ-06	63.74	71.72	64.73	65.87	2.13
	梁溪区	Ⅳ-06	63.74	71.72	64.73	65.87	2.13
苏州	相城区	Ⅰ-04	61.80	65.39	70.03	87.19	25.39
		Ⅱ-06	85.95	79.78	79.01	80.20	−5.75
		Ⅲ-19	90.55	91.31	93.18	93.45	2.90
		Ⅳ-14	62.29	65.55	72.37	75.32	13.02
	高新区	Ⅱ-06	85.95	79.78	79.01	80.20	−5.75
		Ⅳ-14	62.29	65.55	72.37	75.32	13.02
	吴中区	Ⅱ-05	92.85	93.20	95.50	95.87	3.01
		Ⅲ-17	95.70	92.12	90.08	90.03	−5.68
		Ⅲ-18	84.72	84.20	84.69	84.35	−0.37
		Ⅳ-14	62.29	65.55	72.37	75.32	13.02

地级市	县级市	生态功能分区	2016 年	2017 年	2018 年	2019 年	2019—2016（差值）
	吴江区	Ⅱ-04	81.33	82.24	83.49	91.45	10.12
		Ⅲ-17	95.70	92.12	90.08	90.03	−5.68
		Ⅲ-18	84.72	84.20	84.69	84.35	−0.37
		Ⅳ-13	66.36	70.15	67.18	74.44	8.08
		Ⅳ-14	62.29	65.55	72.37	75.32	13.02
	常熟市	Ⅲ-15	61.44	48.27	51.39	59.88	−1.56
		Ⅲ-16	75.75	66.38	67.87	80.46	4.71
		Ⅳ-10	84.01	83.53	86.92	93.53	9.51
	张家港市	Ⅳ-08	78.16	81.07	81.50	83.20	5.04
		Ⅳ-09	93.76	99.36	98.12	100.00	6.24
	太仓市	Ⅳ-11	66.24	71.37	74.62	92.56	26.33
		Ⅳ-12	78.00	79.47	79.09	79.26	1.27
	昆山市	Ⅲ-17	95.70	92.12	90.08	90.03	−5.68
		Ⅳ-12	78.00	79.47	79.09	79.26	1.27
	姑苏区	Ⅳ-14	62.29	65.55	72.37	75.32	13.02
	苏州工业园区	Ⅳ-14	62.29	65.55	72.37	75.32	13.02

从空间方面,对四类生态功能分区分别计算其压力指数平均值,结果如图 3-4 所示。由于绩效评估方法依据功能分区特性,对每一类功能分区设置不同参考值进行计算,得到其绩效相对改善结果,因此四类生态功能分区压力类得分相差不大,大致呈现生态Ⅰ级区、生态Ⅱ级区、生态Ⅲ级区得分相近,生态Ⅳ级区得分稍逊的情况,但其差距在 2017 年得到缩小,四类生态功能分区压力类得分均衡。2019 年,四级生态功能分区压力得分趋向于生态Ⅰ级区>生态Ⅱ级区>生态Ⅲ级区>生态Ⅳ级区递减规律,基本符合功能分区设置的客观事实。从时间方面来看,四类生态功能分区压力得分 2016—2019 年整体均呈增加态势,其中生态Ⅰ级区压力得分稳步提升,得分维持在 80 分以上,控制力度及效果显著,2019 年压力层指标得分持续突

破,资源消耗及污染物排放方面管控良好;生态Ⅱ级区、生态Ⅲ级区得分有所波动,2019 年得分回升,2017、2018 年生态Ⅱ级区下降原因主要是建设用地占比有所上升,生态Ⅲ级区主要原因为污排有所增加,这些情况在 2019年均得到改善;生态Ⅳ级功能分区污染物排放与资源利用情况最差,但污染物排放措施成效显著,COD、氨氮等污染物普遍得到限制,得分上升明显。

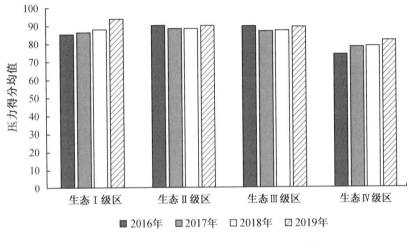

图 3-4　四类生态功能分区压力得分均值变化

通过 GIS 技术实现多时空维度下的压力指标动态变化展现,对不同分区、不同评估期的压力得分进行纵、横层面上的对比分析,如图 3-5(附图)。太湖流域生态功能分区压力指标层不断向好发展,污染排放得到良好的控制,资源利用趋于高效。三年间压力得分变化整体不显著,部分地区改善明显。2016 年压力得分较差区域集中在镇江市区、苏州市区等。2017 年压力指标层得分多集中在 70 分以上,仅常熟市部分地区得分在 60 分以下,需要进一步改善资源环境利用水平,西南部地区压力指标控制良好。综上所述,整体从时间序列上看,水生态环境功能分区在污染控制、节约水资源方面持续转好;从区域上看,常州金坛、溧阳、南京高淳等地区的水生态环境功能分区压力类得分均较高,且分数逐年有所提升,苏州市区、镇江市区、常州市区等地压力类得分相对低,但也呈转好态势。2019 年仅常熟市北部区域得分在 60 分以下,需进一步重点关注资源环境利用。

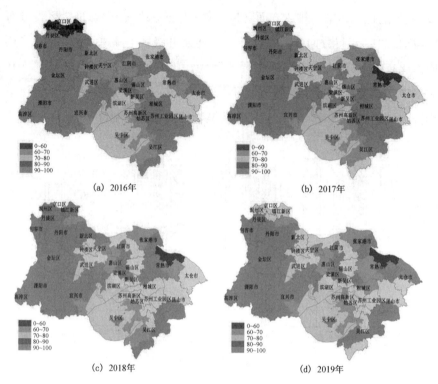

(a) 2016年   (b) 2017年

(c) 2018年   (d) 2019年

图 3-5 太湖流域水生态环境功能分区管理压力层得分空间分布

1. 单位面积污染物排放

2016—2019 年,生态 I 级区、生态 II 级区整体上符合定位要求,污染物排放情况良好,仅有两个水生态环境功能分区污染物排放压力较大,其中相城区东部生态 I-04 阳澄湖生物多样性维持—水文调节功能区单位面积污染物排放量远高于其他分区,需进一步加强污染物排放管控;苏州市吴江区生态 II-04 吴江北部重要物种保护—水文调节功能区单位面积污染物排放量得分在 50 分以下。生态 III 级区相关目标有所下降,污排目标达成表现良好,仅 III-08、III-13、III-15 污染物排放压力较大,其中 III-15 污排压力逐年有所减缓。

2. 单位耕地面积化肥施用量

各水生态环境功能分区化肥施用强度距离生态县、生态市、生态省建设指标仍有一定距离,《生态县、生态市、生态省建设指标(修订稿)》中生态县化肥施用强度目标需小于 250 千克/公顷,生态Ⅰ级区单位耕地面积化肥施用量普遍在 400 千克/公顷以上,需进一步降低化肥施用强度,实现化肥施用量的负增长。从空间区域进行分析,无锡市涉及Ⅲ-13、Ⅲ-14 化肥施用强度态势较差,这是由于无锡市区耕地少化肥使用量大。而其中常州武进区农业生态持续向好,该区不断深入推进乡村振兴,打造生态宜居之城,化肥农药用量进一步下降,达到生态县标准。从时间趋势进行分析,各地区化肥施用量均呈负增长趋势,控制措施取得良好效果。

3. 单位 GDP 用水量

太湖流域水资源控制良好,其中生态Ⅰ级区、生态Ⅱ级区单位 GDP 用水量距离水资源综合利用标准达标率较高,生态Ⅲ级区、生态Ⅳ级区表现稍差,其中苏州常熟、太仓等地用水消耗较大,单位 GDP 用水量远高于其他地区,2018 年,单位 GDP 用水量分别高出苏州市 98.75%、306.98%,需加强组织保障机制,进一步健全节水机制,建立科学合理的节水指标体系。积极开展节水宣传,如太仓市等水质型缺水地区本身水资源并不缺乏,居民对于水危机的意识相对薄弱,应大力开展节水宣传,提高居民节水意识。

3.2.3　状态系统发展趋势分析

基于状态层指标体系及权重设置,计算单项状态层级得分,从而探究综合绩效指数得分及变化的深层原因。计算得到 2016—2019 年太湖流域 49 个水生态功能分区状态指数得分,具体见表 3-5。由表可知,太湖流域水生态功能分区状态得分全面得到大幅提高,其中生态Ⅳ-09 张家港东部水环境维持—水质净化功能区得分提升最为明显,其涉及区域包括苏州张家港市部分街道,2019 年较 2016 年状态层提升 45.87 分,主要原因为重点监控断面优Ⅲ类比例提升显著,湿地林地占比数据稳定提升,但目前得分仍偏低,湿地林地面积占比仍需进一步修复。其他水生态功能分区大多状态实现不同程度好转,少部分生态功能分区 2019 年分数有小幅度下降,功能分区状态改变不大。其中,生态Ⅲ级区-18 太湖东岸重要生境维持—水文调节功能区得分有较为明显降低,主要原因为底栖敏感种检出情况变差,但状态类其他指标表现优异,得分虽有下降但仍维持在 90 分以上的良好水平。

表 3-5 太湖流域水生态环境功能分区管理绩效状态层结果

地级市	县级市	生态功能分区	2016 年	2017 年	2018 年	2019 年	2019—2016（差值）
常州	金坛区	Ⅰ-01	55.21	68.61	76.18	58.26	3.05
		Ⅱ-01	40.71	75.87	72.54	72.54	31.83
		Ⅲ-04	41.02	53.26	59.64	43.68	2.66
	武进区	Ⅱ-02	33.02	54.41	65.67	38.56	5.54
		Ⅱ-07*	65.64	71.36	67.82	61.60	-4.04
		Ⅱ-09*	58.97	71.36	59.82	57.91	-1.06
		Ⅲ-09	47.99	75.01	47.67	80.28	32.30
		Ⅲ-12	61.67	85.83	75.00	83.23	21.57
		Ⅲ-20*	63.33	75.00	56.44	62.50	-0.83
		Ⅳ-02	38.75	68.04	71.79	73.45	34.69
		Ⅳ-03	45.76	60.00	81.75	63.75	17.99
	新北区	Ⅲ-03	54.72	62.84	77.86	69.66	14.94
		Ⅲ-08	46.15	67.23	72.23	67.23	21.09
		Ⅳ-02	38.75	68.04	71.79	73.45	34.69
	天宁区	Ⅳ-02	38.75	68.04	71.79	73.45	34.69
		Ⅳ-03	45.76	60.00	81.75	63.75	17.99
	钟楼区	Ⅳ-02	38.75	68.04	71.79	73.45	34.69
	溧阳市	Ⅰ-02	82.63	84.86	82.36	82.36	-0.27
		Ⅲ-05	71.01	79.62	79.62	79.62	8.61
		Ⅲ-06	64.36	87.33	87.97	82.97	18.61

（续表）

地级市	县级市	生态功能分区	2016年	2017年	2018年	2019年	2019—2016（差值）
镇江	丹徒区	Ⅱ-01	40.71	75.87	72.54	72.54	31.83
		Ⅳ-01	80.77	90.00	90.00	90.00	9.23
	句容市	Ⅱ-01	40.71	75.87	72.54	72.54	31.83
	丹阳市	Ⅲ-01	63.87	90.84	80.86	88.80	24.92
		Ⅲ-02	78.48	89.96	86.63	86.63	8.15
		Ⅲ-03	54.72	62.84	77.86	69.66	14.94
	京口区	Ⅳ-01	80.77	90.00	90.00	90.00	9.23
	润州区	Ⅳ-01	80.77	90.00	90.00	90.00	9.23
	镇江新区	Ⅳ-01	80.77	90.00	90.00	90.00	9.23
南京	高淳区	Ⅲ-05	71.01	79.62	79.62	79.62	8.61
无锡	宜兴市	Ⅰ-03	66.42	75.94	71.01	75.21	8.79
		Ⅱ-02	33.02	54.41	65.67	38.56	5.54
		Ⅱ-03	64.79	75.17	69.90	68.32	3.53
		Ⅱ-07*	65.64	71.36	67.82	61.60	−4.04
		Ⅱ-09*	58.97	71.36	59.82	57.91	−1.06
		Ⅲ-07	58.25	88.44	88.44	88.44	30.19
		Ⅲ-10	56.81	80.83	72.78	80.32	23.51
		Ⅲ-11	44.77	70.49	64.85	75.07	30.30
		Ⅲ-20*	63.33	75.00	56.44	62.50	−0.83
	滨湖区	Ⅱ-08	57.33	53.33	60.03	59.95	2.62
		Ⅱ-09	58.97	71.36	59.82	57.91	−1.06
		Ⅲ-12	61.67	85.83	75.00	83.23	21.57
		Ⅲ-13	66.85	87.99	87.99	78.80	11.95
		Ⅲ-20*	63.33	75.00	56.44	62.50	−0.83
	江阴市	Ⅲ-08	46.15	67.23	72.23	67.23	21.09
		Ⅳ-03	45.76	60.00	81.75	63.75	17.99

（续表）

地级市	县级市	生态功能分区	2016 年	2017 年	2018 年	2019 年	2019—2016（差值）
		Ⅳ-04	74.57	89.25	84.75	90.00	15.43
		Ⅳ-05	48.70	58.50	51.00	89.25	40.55
		Ⅳ-07	49.13	65.83	55.83	85.83	36.71
	惠山区	Ⅲ-12	61.67	85.83	75.00	83.23	21.57
		Ⅳ-03	45.76	60.00	81.75	63.75	17.99
		Ⅳ-06	56.22	56.43	85.52	86.27	30.05
	新吴区	Ⅲ-13	66.85	87.99	87.99	78.80	11.95
		Ⅲ-14	61.87	73.08	70.52	65.16	3.29
		Ⅳ-06	56.22	56.43	85.52	86.27	30.05
	锡山区	Ⅲ-14	61.87	73.08	70.52	65.16	3.29
		Ⅲ-19	49.23	85.07	73.82	78.18	28.94
		Ⅳ-06	56.22	56.43	85.52	86.27	30.05
	梁溪区	Ⅳ-06	56.22	56.43	85.52	86.27	30.05
苏州	相城区	Ⅰ-04	46.24	62.63	61.35	60.36	14.12
		Ⅱ-06	46.67	63.89	63.83	48.09	1.42
		Ⅱ-08*	57.33	53.33	60.03	59.95	2.62
		Ⅲ-19	49.23	85.07	73.82	78.18	28.94
		Ⅳ-14	86.67	90.00	91.67	91.67	5.00
	高新区	Ⅰ-05*	80.10	75.98	88.10	74.19	−5.90
		Ⅱ-06	46.67	63.89	63.83	48.09	1.42
		Ⅱ-08	57.33	53.33	60.03	59.95	2.62
		Ⅱ-09	58.97	71.36	59.82	57.91	−1.06
		Ⅳ-14	86.67	90.00	91.67	91.67	5.00
	吴中区	Ⅰ-05*	80.10	75.98	88.10	74.19	−5.90
		Ⅱ-05	54.24	55.64	60.00	55.64	1.40
		Ⅱ-09*	58.97	71.36	59.82	57.91	−1.06

地级市	县级市	生态功能分区	2016 年	2017 年	2018 年	2019 年	2019—2016（差值）
		Ⅱ-10*	58.97	54.70	60.00	90.00	31.03
		Ⅲ-17	70.33	84.26	90.00	90.00	19.67
		Ⅲ-18	96.00	96.00	90.00	90.00	−6.00
		Ⅲ-20*	63.33	75.00	56.44	62.50	−0.83
		Ⅳ-14	86.67	90.00	91.67	91.67	5.00
	吴江区	Ⅰ-05*	80.10	75.98	88.10	74.19	−5.90
		Ⅱ-04	65.05	67.30	77.12	64.77	−0.29
		Ⅲ-17	70.33	84.26	90.00	90.00	19.67
		Ⅲ-18	96.00	96.00	90.00	90.00	−6.00
		Ⅳ-13	60.00	60.00	54.75	60.00	0.00
		Ⅳ-14	86.67	90.00	91.67	91.67	5.00
	常熟市	Ⅲ-15	47.06	71.85	72.54	77.58	30.53
		Ⅲ-16	73.04	73.42	82.79	82.79	9.76
		Ⅳ-10	57.56	88.23	88.23	88.98	31.42
	张家港市	Ⅳ-08	36.89	74.23	65.98	69.88	32.99
		Ⅳ-09	33.74	50.06	80.06	79.61	45.87
	太仓市	Ⅳ-11	56.65	89.86	86.53	86.53	29.88
		Ⅳ-12	60.12	83.25	87.75	88.95	28.83
	昆山市	Ⅲ-17	70.33	84.26	90.00	90.00	19.67
		Ⅳ-12	60.12	83.25	87.75	88.95	28.83
	姑苏区	Ⅳ-14	86.67	90.00	91.67	91.67	5.00
	苏州工业园区	Ⅳ-14	86.67	90.00	91.67	91.67	5.00

对四类生态功能分区分别计算其状态指数平均值,结果如图3-6所示。通过求取平均值,四类生态功能分区状态层变化明显。其中Ⅲ、Ⅳ类功能分区得分提升显著,以2017年最为明显,Ⅲ类功能分区得分在2017—2019三年间得分有所波动,整体向好,Ⅳ类功能分区持续稳步梯度上升,水

质水生态不断优化。由于四级分级标准设立的区别,整体上对生态Ⅰ级分区、生态Ⅱ级分区目标管控要求更高,因此生态Ⅰ级区、生态Ⅱ级区得分整体上偏低,2019年得分出现下降主要是多个断面水质变差,水生态健康指数下降。

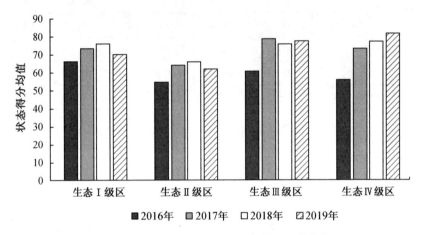

图 3-6　四类生态功能分区状态得分均值变化

通过 GIS 技术实现多时空维度下的状态指标动态变化展现,对不同分区、不同评估期的状态得分进行纵、横层面上的对比分析,如图 3-7(附图)。太湖流域生态功能分区状态指标层不断向好发展,水质不断转好,断面优Ⅲ比例不断提升,水生态健康得到改善,林地+湿地面积不断增加。2016 年太湖流域状态指标普遍偏差,断面优Ⅲ比例不足,2017—2019 年状态不断好转,至 2019 年状态指标得分集中在 70—100 分区间,流域状态良好。2019 年金坛区与武进区交界处、苏州吴中、滨湖等地水生态环境状况仍较差,重点监控断面达标率较低,水质状态仍需进一步改善。

1. 重点监控断面优Ⅲ类比例

2016—2019 年太湖流域重点监控断面优三类断面比例得到极大的提升,其中一、二类生态功能分区优三类比例至 2019 年普遍达成 100%标准。三类、四类水生态环境功能分区优三类比例较其他类水生态环境功能分区较低,但增长趋势较明显,水质得到进一步提升。其中Ⅱ-05、Ⅲ-04、

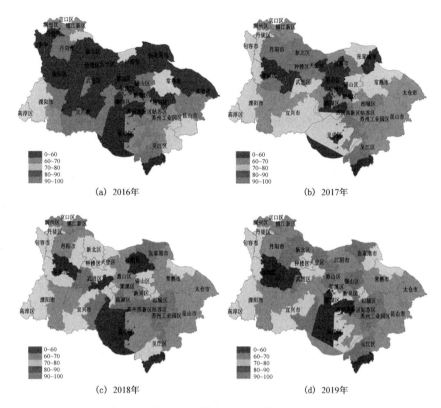

(a) 2016年　　　　　　　(b) 2017年

(c) 2018年　　　　　　　(d) 2019年

图 3－7　太湖流域水生态环境功能分区管理状态层得分空间分布

Ⅳ-07、Ⅳ-13 普遍为四类水及以下,其中涉及地区有苏州吴中区、吴江区;常州金坛区;无锡江阴市相关断面,需进一步关注断面水质,细化任务、压实责任,着力落实截污达标工作任务,有效推动水质提升,提高水质达标率。

2. 水生态健康指数

太湖流域水生态环境功能分区水生态健康指数普遍表现良好,其中以Ⅰ-02 水生态健康程度最高,三年平均水生态健康指数为 0.752,涉及常州市溧阳市。其中Ⅳ-05 水生态健康程度最低,涉及无锡江阴市,江阴市涉及的四类生态功能分区得分都普遍偏低,水生态健康亟须进一步提高。

3. 湿地＋林地占比

湖区湿地与林地占比明显优于陆域分区,全部湖区分区均达到规划标准。Ⅰ级生态功能分区湿地林占比得分良好,普遍在 70 分以上,二级生态功能分区中Ⅱ-05 状况最佳,涉及苏州市吴中区区域。其余陆域生态功能分区表现一般。Ⅲ级、四级生态功能分区由于标准较低,功能分区达标情况也较为良好。

4. 底栖敏感种达标情况

太湖流域水生态环境功能分区物种保护方面仍然有待进一步加强,底栖敏感种达标情况普遍偏低,较多功能分区并无检出物种。其中,湖区检出情况明显高于陆域,其中以Ⅱ-07 最为明显,2016—2019 年底栖敏感种检出情况均为 100%,该生态环境功能分区涉及常州武进区及无锡宜兴市,水环境生态良好。

3.2.4 响应系统发展趋势分析

基于响应层指标体系及权重设置,计算单项响应层级得分,从而探究综合绩效指数得分及变化的深层原因。计算得到 2016—2019 年太湖流域 49 个水生态功能分区响应指数得分,具体见表 3-6。由表可知,太湖流域水生态功能分区响应得分随着年份推进有所起伏,51.02% 的水生态功能分区得分有不同幅度的下降。主要原因包括清洁生产企业个数比例的下降以及高新技术产业产值占规模以上工业比值下降。各生态功能分区均得分一般,普遍得分在 70 分以上,响应能力有下降趋势。

表 3-6 太湖流域水生态环境功能分区管理绩效响应层结果

地级市	县级市	生态功能分区	2016 年	2017 年	2018 年	2019 年	2019—2016（差值）
常州	金坛区	Ⅰ-01	99.42	66.39	66.39	99.80	0.37
		Ⅱ-01	60.59	63.21	65.89	98.57	37.98
		Ⅲ-04	100.00	89.11	98.09	89.11	−10.89
	武进区	Ⅱ-02	100.00	84.21	100.00	66.67	−33.33
		Ⅲ-09	100.00	82.15	88.89	100.00	0.00

（续表）

地级市	县级市	生态功能分区	2016 年	2017 年	2018 年	2019 年	2019—2016（差值）
		Ⅲ - 12	77.70	75.38	74.66	95.65	17.95
		Ⅳ - 02	75.06	72.85	72.68	74.10	−0.96
		Ⅳ - 03	73.96	74.33	71.34	80.43	6.47
	新北区	Ⅲ - 03	68.29	72.36	76.16	72.36	4.07
		Ⅲ - 08	78.88	72.46	76.33	82.13	3.25
		Ⅳ - 02	75.06	72.85	72.68	74.10	−0.96
	天宁区	Ⅳ - 02	75.06	72.85	72.68	74.10	−0.96
		Ⅳ - 03	73.96	74.33	71.34	80.43	6.47
	钟楼区	Ⅳ - 02	75.06	72.85	72.68	74.10	−0.96
	溧阳市	Ⅰ - 02	59.17	93.27	99.18	96.95	37.78
		Ⅲ - 05	84.84	95.85	84.21	70.19	−14.65
		Ⅲ - 06	71.15	68.51	70.88	62.29	−8.86
镇江	丹徒区	Ⅱ - 01	60.59	63.21	65.89	98.57	37.98
		Ⅳ - 01	78.63	95.95	94.87	89.10	10.47
	句容市	Ⅱ - 01	60.59	63.21	65.89	98.57	37.98
	丹阳市	Ⅲ - 01	63.66	72.92	68.19	77.86	14.19
		Ⅲ - 02	65.17	74.76	72.08	66.67	1.50
		Ⅲ - 03	68.29	72.36	76.16	72.36	4.07
	京口区	Ⅳ - 01	78.63	95.95	94.87	89.10	10.47
	润州区	Ⅳ - 01	78.63	95.95	94.87	89.10	10.47
	镇江新区	Ⅳ - 01	78.63	95.95	94.87	89.10	10.47
南京	高淳区	Ⅲ - 05	84.84	95.85	84.21	70.19	−14.65
无锡	宜兴市	Ⅰ - 03	98.71	96.90	99.93	96.90	−1.80
		Ⅱ - 02	100.00	84.21	100.00	66.67	−33.33
		Ⅱ - 03	66.46	100.00	65.48	100.00	33.54
		Ⅲ - 07	97.96	98.15	63.76	64.81	−33.15

地级市	县级市	生态功能分区	2016 年	2017 年	2018 年	2019 年	2019—2016（差值）
		Ⅲ-10	64.63	77.16	63.76	64.81	0.19
		Ⅲ-11	97.96	71.98	63.76	68.40	−29.56
	滨湖区	Ⅲ-12	77.70	75.38	74.66	95.65	17.95
		Ⅲ-13	66.67	79.74	86.27	66.67	0.00
		Ⅲ-08	78.88	72.46	76.33	82.13	3.25
		Ⅳ-03	73.96	74.33	71.34	80.43	6.47
	江阴市	Ⅳ-04	64.83	83.77	66.67	65.52	0.68
		Ⅳ-05	68.62	69.46	62.00	68.02	−0.60
		Ⅳ-07	66.82	69.03	63.41	63.81	−3.01
		Ⅲ-12	77.70	75.38	74.66	95.65	17.95
	惠山区	Ⅳ-03	73.96	74.33	71.34	80.43	6.47
		Ⅳ-06	69.12	70.96	70.76	67.26	−1.86
		Ⅲ-13	66.67	79.74	86.27	66.67	0.00
	新吴区	Ⅲ-14	78.36	72.97	77.70	71.39	−6.97
		Ⅳ-06	69.12	70.96	70.76	67.26	−1.86
		Ⅲ-14	78.36	72.97	77.70	71.39	−6.97
	锡山区	Ⅲ-19	84.59	88.89	83.33	72.22	−12.37
		Ⅳ-06	69.12	70.96	70.76	67.26	−1.86
	梁溪区	Ⅳ-06	69.12	70.96	70.76	67.26	−1.86
		Ⅰ-04	99.05	98.93	89.09	65.73	−33.32
	相城区	Ⅱ-06	99.72	90.96	79.01	66.40	−33.32
		Ⅲ-19	84.59	88.89	83.33	72.22	−12.37
苏州	高新区	Ⅳ-14	91.15	87.50	84.80	72.28	−18.87
		Ⅱ-06	99.72	90.96	79.01	66.40	−33.32
	吴中区	Ⅳ-14	91.15	87.50	84.80	72.28	−18.87
		Ⅱ-05	66.39	66.26	66.36	66.40	0.01

（续表）

地级市	县级市	生态功能分区	2016 年	2017 年	2018 年	2019 年	2019—2016（差值）
		Ⅲ-17	86.58	85.91	78.92	91.16	4.58
		Ⅲ-18	74.46	72.77	76.33	69.89	−4.57
	吴江区	Ⅳ-14	91.15	87.50	84.80	72.28	−18.87
		Ⅱ-04	79.76	93.82	79.01	79.01	−0.75
		Ⅲ-17	86.58	85.91	78.92	91.16	4.58
		Ⅲ-18	74.46	72.77	76.33	69.89	−4.57
		Ⅳ-13	72.54	75.21	77.54	72.38	−0.16
		Ⅳ-14	91.15	87.50	84.80	72.28	−18.87
	常熟市	Ⅲ-15	99.22	99.99	100.00	65.77	−33.46
		Ⅲ-16	96.02	95.56	100.00	83.83	−12.19
		Ⅳ-10	83.79	100.00	100.00	79.42	−4.37
	张家港市	Ⅳ-08	62.82	67.53	89.28	70.56	7.75
		Ⅳ-09	63.47	65.44	86.35	71.93	8.45
	太仓市	Ⅳ-11	86.83	97.05	86.38	84.01	−2.82
		Ⅳ-12	87.57	91.54	86.13	78.01	−9.56
	昆山市	Ⅲ-17	86.58	85.91	78.92	91.16	4.58
		Ⅳ-12	87.57	91.54	86.13	78.01	−9.56
	姑苏区	Ⅳ-14	91.15	87.50	84.80	72.28	−18.87
	苏州工业园区	Ⅳ-14	91.15	87.50	84.80	72.28	−18.87

对四类生态功能分区分别计算其响应指数平均值,结果如图 3-8 所示。通过求取平均值,四类生态功能分区响应层有明显区别,呈现出明显的生态Ⅰ级区＞生态Ⅱ级区＞生态Ⅲ级区＞生态Ⅳ级区依次递减规律,响应能力依次由好变差,但分数集中在 70—100 分,响应能力建设良好。生态Ⅰ级分区响应层指标得分逐年稳步提升,响应能力较强;生态Ⅱ级区响应能力有所起伏,2018 年有较大幅下降,但 2019 年得分回升;生态Ⅲ级区逐年有下降的趋势,需重视对于水质水生态涉及污水治理、清洁生产及产业结构调

整方面的管理力度;生态Ⅳ级区相比于其他功能分区而言是响应最差的区域,2016—2018年整体呈变好趋势,响应情况不断提升,但2019年得分又有所回落,政府需注重持续响应发力,不断推进产业转型,提高清洁生产审核力度,助推流域水生态健康高质量发展。

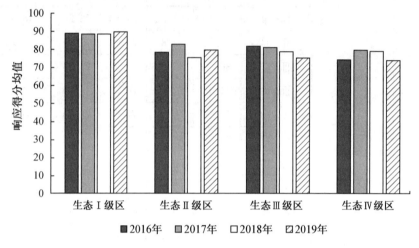

图3-8 四类生态功能分区响应得分均值变化

通过GIS技术实现多时空维度下的响应指标动态变化展现,对不同分区、不同评估期的响应得分进行纵、横层面上的对比分析,如图3-9(附图)。太湖流域生态功能分区响应指标层变化不大。大多集中在70分以上,响应状况一般。各分区响应层分值差距不大,部分功能分区响应指标得分有所起伏,但整体上变化不大。其中,2019年响应力度下降明显,无锡市区、江阴、宜兴等区域响应类得分偏低,需进一步调整产业结构,加大清洁生产力度。

1. 城市污水处理率

四级水生态环境功能分区城市污水处理率差别不大,得分均在90分以上,污水处理良好,相关污水处理设施完备。对于目前污水处理仍需提升的地区,应进一步加快城镇污水处理设施建设,提高污水处理率,建设尾水深度处理设施和配套管网,加强污水处理厂的污泥资源化、减量化、无害化处理。

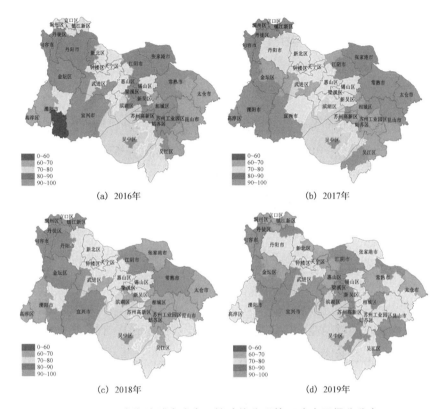

(a) 2016年　　　　　　　　(b) 2017年

(c) 2018年　　　　　　　　(d) 2019年

图 3 - 9　太湖流域水生态环境功能分区管理响应层得分分布

2. 高新技术产业产值占规模以上工业产值比重

Ⅰ、Ⅱ、Ⅲ级生态功能分区高新技术产业产值占规模以上工业产值达成率较高,Ⅳ级生态功能分区由于对于高新技术产业要求更高,因此得分稍低,需进一步加强高新产业建设,着力推动科技创新和产业转型升级,提高产业高端化水平,以高新技术减少资源消耗及污染物排放,促进流域生态健康。

3. 清洁生产审核重点企业

Ⅲ、Ⅳ级生态功能分区清洁生产审核重点企业比例得分明显高于Ⅰ、Ⅱ级,由于Ⅲ、Ⅳ级涉及高污染企业较多,对于清洁生产更为重视,清洁生产力度较大,因此清洁生产审核企业名单较为多。而Ⅰ、Ⅱ级生态功能分区由于生态较为良好,目前重视程度有所不足。需大力推进经济结构调整,实施清洁生产和发展循环经济,强化清洁生产审核,以清洁生产技术改造能耗高、污染重的传统产业。

4. 单位 GDP 能耗

四类水生态功能分区能源消耗控制均良好,大部分功能分区单位 GDP 能耗可达到 100 分。单位 GDP 能耗均逐年降低,得分逐年升高,各地区积极推进能源节约集约使用,仅Ⅳ-08、Ⅳ-09 得分不足 60 分,其涉及张家港市,能源消耗仍然较大,需要进一步提高能源集约使用。

3.3 分区管理绩效障碍因子辨识

在水生态环境功能分区管理绩效评估技术构建的基础上,结合《江苏省太湖流域水生态环境功能区划(试行)》中对水生态功能分区提出的明确要求,针对水质水生态、土地利用空间管控、物种保护三种核心管理目标,识别关键绩效指标,见表 3-7。其中,环境效率类目标指标包括单位面积 COD 排放、单位面积氨氮排放、单位面积总磷排放,环境质量包括湿地林地占比、重点监控断面优Ⅲ类比例、水生态健康指数、底栖敏感种达标情况。

表 3-7 太湖流域水生态功能分区管理绩效评估目标指标

类别	绩效评估目标指标	单位
环境效率	单位面积 COD 排放	吨/平方千米
	单位面积氨氮排放	吨/平方千米
	单位面积总磷排放	吨/平方千米
环境质量	重点监控断面优Ⅲ类比例	%
	水生态健康指数	—
	湿地林地占比	%
	底栖敏感种达标情况	%

在测算出水生态环境各功能分区环境绩效水平后,基于识别得到的分区管理绩效评估目标指标,对各项指标进行更深层次的分析,引入因子贡献度 w_i、指标偏度 c_i 和障碍度 o_i 三个变量来识别制约环境绩效水平的障碍因素。因子贡献度 w_i 为单因素对总目标的权重,指标偏度 c_i 为各指标实际值与最优目标值之间的差距,障碍度 o_i 表示各指标对功能分区环境绩效影响程度的高低。具体计算公式为:

$$o_i = \frac{c_i w_i}{\sum_{i=1}^{m} c_i w_i} \tag{3-1}$$

$$c_i = 1 - r_i \tag{3-2}$$

式中,$i=1,2,\cdots,m$。m 为评价指标数,r_i 为各指标标准化后的实际值。注:指标的障碍因子分析是以单个功能分区的特定年份为研究对象,其内涵为该项指标在该年份对环境绩效向好发展起到的限制作用的贡献百分比,根据表 3-8 划分障碍因素等级。

表 3-8　基于障碍因素评分的等级划分方法

等级划分	障碍因素得分区间
高	[0.5,1]
中	[0.25,0.5)
低	[0,0.25)

综上,通过评估障碍因素分析结果分别得到太湖流域水生态环境各功能分区各指标为达成 2020 年目标的障碍因子等级划分结果,分别为高、中、低,具体评价结果见附表 1,各功能分区各障碍因子障碍度分布情况如图 3-10 所示(附图)。在环境效率指标方面,单位面积污染物排放指标连续 3 年的障碍度均为"低",这些指标不成为环境绩效向好发展的限制因子。在环境质量指标方面,分区障碍度差异明显,从重点监控断面优Ⅲ类比例指标、水生态健康指数指标、湿地林地占比指标和底栖敏感种达标情况指标四个方面展开讨论。

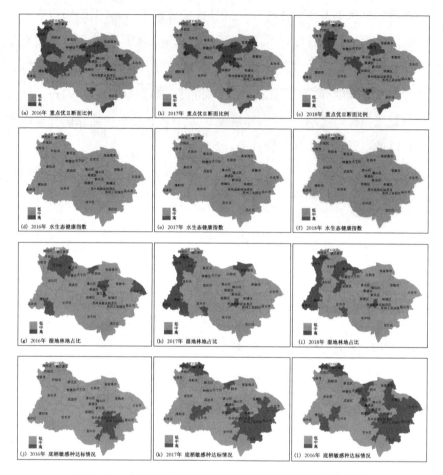

图 3‐10　水生态环境功能分区障碍度分析结果(环境质量)

对于障碍度为低的指标,说明江苏省太湖流域该指标对环境绩效向好发展起到的限制作用的贡献百分比较低,说明该指标可以不作为优先治理的指标(如果某水生态环境功能分区出现障碍度均为低的情况需要另外考虑,本评估报告未出现这种情况,因此不予考虑)。对于环境质量指标分析如下:

在所有水生态环境功能分区中,环境效率指标(单位面积 COD、氨氮、总磷排放)连续三年障碍因子均为低,这些指标不成为环境绩效向好发展的限制因子,说明江苏省太湖流域污染物排放量控制效果显著。

属于湖区的六个水生态环境功能分区（Ⅰ-05、Ⅱ-07、Ⅱ-08、Ⅱ-09、Ⅱ-10、Ⅲ-20），底栖敏感种达标情况的障碍度均为低，说明湖区的水生动物保护效果较好。对于Ⅰ-05，湿地林地占比、重点监控断面优Ⅲ类比例、水生态健康指数的障碍度基本都为中，该水生态环境功能分区仍需加大造林工程投入力度与湿地保护，重视水质水生态的治理，以期达到低的障碍度。位于Ⅱ、Ⅲ级水生态环境功能分区的湖区湿地林地占比、水生态健康指数同样基本都为中，但重点监控断面在2016、2017年情况较好，障碍度评估结果基本为低，说明位于Ⅱ、Ⅲ级水生态环境功能分区的湖区部分也应突出治理湿地林地，提高水生态健康指数。

位于陆域的水生态环境功能分区，分析环境质量指标，得到如下结果：

对于重点监控断面优Ⅲ类比例指标，Ⅱ-05、Ⅲ-01、Ⅲ-04、Ⅲ-09、Ⅲ-12、Ⅲ-19、Ⅳ-05、Ⅳ-07、Ⅳ-13出现较多障碍度"高"的情况，并且有随着年份的增加障碍度升高的趋势，这些地区水质污染问题突出，严重限制了区域的环境承载力水平，应加大重点监控断面水污染防治和修复力度，定期开展污染源普查，完善水生态功能分区水质持续改善机制，全面提高重点监控断面优Ⅲ类比例。

对于水生态健康指数指标，该指标反映了流域的活力，所有水生态环境功能分区障碍度均未出现"高"的情况，总体上，太湖流域水生态环境处于较好的水平。但Ⅰ-01、Ⅰ-03、Ⅳ-03、Ⅳ-04分区障碍度在2018年均为"中"，这些分区水生态健康有轻微变差的趋势，应推进水生植物群落的重建与生物多样性的恢复，调控鱼类群落，维持水生态健康指数不下降。

对于湿地林地占比指标，Ⅰ-04、Ⅱ-05、Ⅲ-04、Ⅲ-06、Ⅲ-07、Ⅲ-12、Ⅲ-17、Ⅲ-18、Ⅲ-19、Ⅳ-05、Ⅳ-10、Ⅳ-12、Ⅳ-13、Ⅳ-14分区障碍度在2016—2018年均为"低"，水生态环境功能分区林业体系建设较为完善，湿地管理效果突出。Ⅰ-02、Ⅱ-01、Ⅱ-02、Ⅱ-03、Ⅱ-06、Ⅲ-01、Ⅲ-02、Ⅲ-03、Ⅲ-05、Ⅲ-08、Ⅲ-14、Ⅳ-08分区障碍度多为中、高，这些水生态环境功能分区湿地林地占比指标已成为环境绩效变好的突出限制因子。随着经济社会和城镇化推进，这些地区湿地林地资源破坏严重，资源保护的压力持续增加,出现森林破碎化、湿地消失等生态问题。这些水生态环境功能分区要坚持保护优先、自然修复为主的原则,需加强湿地林地保护与修复,尽快启动湿地林地修复与提升工程,遏制面积萎缩、功能退化趋势。

对于底栖敏感种达标情况指标,Ⅰ-02、Ⅲ-02、Ⅲ-07、Ⅲ-10、Ⅲ-13、Ⅲ-16、Ⅲ-17、Ⅲ-18、Ⅲ-19、Ⅳ-01、Ⅳ-03、Ⅳ-04、Ⅳ-08、Ⅳ-09、Ⅳ-10、Ⅳ-11、Ⅳ-12、Ⅳ-14分区障碍度均出现高的情况,应切实加强水生动物类保护力度,维护物种生息繁衍场所和生存条件,从而提高底栖敏感种达标情况。

3.4 主要结论

（1）太湖流域水生态环境功能分区管理绩效不断向好发展,太湖流域西北部管理绩效提升最为明显,太湖流域分区管理绩效重压区仍位于中部地区。2016—2019年,太湖流域四级水生态环境功能分区管理绩效得分呈现稳定增长态势,其中2017年管理绩效有明显的大幅度提升,太湖流域多地管理绩效改善显著,生态Ⅰ级分区、生态Ⅱ级分区生态保护成果突出,生态Ⅲ级区、生态Ⅳ级区分区管理绩效提升明显,四类生态功能分区绩效评估得分相差不大,生态Ⅱ级区、生态Ⅳ级区分区管理绩效提升最为明显。2016—2019年,中部地区始终为分区管理绩效重压区,其中涉及常州市区、无锡市区等地相关水生态功能分区;以镇江市区、丹阳、溧阳、高淳等为代表的流域西部地区管理绩效得到明显改善,水生态环境得到大幅提高。

（2）太湖流域水生态环境功能分区管理绩效子系统持续良性发展,流域性与区域性限制因素交织。2016—2019年,太湖和流域水生态环境功能分区压力、状态、响应子系统持续优化,其中以环境状态子系统得分提升最为明显,说明持续压力减缓及强化管理响应对于改善水生态环境管理绩效有着显著提升效果。

其中,压力子系统主要问题区域集中在苏州市及无锡市区,且生态Ⅰ级区、生态Ⅱ级区污染物排放控制及资源利用管控明显优于生态Ⅲ级区、生态Ⅳ级区,其中问题区域存在 COD、氨氮排污压力加剧以及水资源消耗过度等问题。状态子系统提升最为明显,2016 年主要问题区域集中在以常州市区、张家港为代表的北部分区,至 2018 年普遍提升至 70 分以上,而滆湖东岸、太湖湖体西部、江阴市等相关水生态环境功能分区断面优Ⅲ达标率偏低导致状态子系统得分差。其中,底栖敏感种达标情况、水生态健康指数成了限制太湖流域水生态环境功能分区管理绩效提升的流域性问题。响应子系统得分较为稳定,问题区域主要集中在无锡市区等为代表的中部地区,主要存在着清洁生产强度不足等问题,需进一步提高清洁生产力度,促进产业转型。

(3) 综合所有水生态功能分区结果看,环境效率指标障碍度均为低,环境质量指标分级差别较大。环境质量指标中水生态健康指数障碍度情况相对较好,问题主要集中在湿地林地占比、重点监控断面优Ⅲ类比例、敏感种达标情况,其中敏感种达标情况的实现阻力最大,江苏省太湖流域相关行政单位应高度重视太湖流域生态修复治理情况。

第四章 太湖流域水生态环境功能分区管理动态预警体系

4.1 预警管理技术

4.1.1 PSR 耦合关系探究

本研究的绩效评估指标体系采用 PSR 模型,PSR 模型由压力指标、状态指标和响应指标三类指标构成,综合考虑了水生态功能分区管理绩效评估中人类活动施加的压力、系统状态以及人类做出的响应间互相制约和相互作用关系。其中人类活动施加的压力和人类对此做出的响应与系统状态的状态密切相关。为进一步探究探讨人类活动与环境变化之间的因果关系,解释太湖状态变化的根本原因,本研究采用线性回归模型,对 PSR 模型的内在关系进行了定量评估,公式如下:

$$\Delta S \sim aP + bR + c + \varepsilon \qquad (4-1)$$

式中,ΔS 表示状态(环境质量)得分的变化;P 表示压力(环境效率)得分;R 表示响应(环境治理)得分,a、b、c 分别为压力项、响应项和常数项系数。计算得到各生态功能分区的 2016—2018 年的状态得分变化,以及

2017—2018 年的压力得分平均值和响应得分平均值,对其进行线性回归模拟,得到结果如表 4-1 所示。

表 4-1　PSR 耦合关系结果

参数	系数	显著性
a	0.54	**
b	0.66	**
c	−81.97	**

注:显著性解释说明:*** 0.01　** 0.05　* 0.1

通过线性回归模拟,得到常数项及系数项结果及其显著性情况,最终结果显示 ΔS(状态变化)的变化与 P(压力)和 R(响应)存在显著的正相关性,线性回归模拟得到公式 $\Delta S = 0.54P + 0.66R - 81.97$。

由上述研究结果可知,压力得分高(压力小),响应得分高(响应积极)时,$\Delta S > 0$,状态得分会提高,功能分区区域状态会逐步改善;压力得分低(压力大),响应得分低(响应不积极)时,$\Delta S < 0$,状态得分会下降,功能分区区域状态趋于恶化。该结果说明了 PSR 存在明显的耦合关系,证明了 PSR 内在关系以及应用 PSR 模型的合理性。

基于本研究绩效评估指标体系,P(压力)与 R(响应)得分在 70 分左右时,$\Delta S = 0$,即表明在这样的压力水平和响应水平下,状态得分没有明显变化,功能分区状态情况基本维持稳定,并由此设计了预警部分压力指标和响应指标的预警阈值。

4.1.2　预警阈值设置

太湖流域水生态环境功能分区预警管理是指在太湖流域压力过大、状态恶化或者响应不足发生之前,根据以往的观测结果总结的规律,发出紧急信号,报告危险情况,从而最大程度减少造成的损失。及时准确的预警需要基于以往的数据总结经验,基于时间序列对压力、状态、响应情况进行动态预测定并设立合理的阈值。本研究将水生态环境功能分区预警管理设置为无警、轻警、中警、中高警以及高警五个级别。其中,状态指标阈值依据一般研究采用等分法进行设置,压力指标、响应指标以及综合绩效指标阈值设置时参考 PSR 耦合关系探究中得到的结论,即 P(压力)与 R(响应)得分在 70 分左右时,状态得分没有明显变化,功能分区状态情况基本维持稳定。具体预警阈值范围如表 4-2 所示。

表 4-2　太湖流域水生态环境功能分区预警管理阈值

评价指标	范围	预警级别
综合绩效	[80,100]	无警
	[70,80)	轻警
	[60,70)	中警
	[50,60)	中高警
	[0,50)	高警
压力层	[80,100]	无警
	[70,80)	轻警
	[60,70)	中警
	[50,60)	中高警
	[0,50)	高警
状态层	[80,100]	无警
	[60,80)	轻警
	[40,60)	中警
	[20,40)	中高警
	[0,20)	高警
响应层	[80,100]	无警
	[70,80)	轻警
	[60,70)	中警
	[50,60)	中高警
	[0,50)	高警

　　针对无警、轻警、中警、中高警和高警五种预警情况，代表着太湖流域水生态功能分区管理状态的差异，不同的预警级别用不同颜色代表，其物理意义如表4-3所示。

表 4-3　太湖流域水生态环境功能分区预警管理等级的物理意义

预警等级	预警颜色	物理意义
无警	蓝色	分区生态环境状况优秀，环境污染压力很小、资源利用水平很高。 　　水生生物性丰富、水污染状况很轻并且能够有效控制，政府对政策响应力度很强、水质状态有所上升。
轻警	绿色	分区生态环境状况良好，环境污染压力较小、资源利用水平较高。 　　水生生物性较丰富、水污染状况较轻，政府对政策响应力度较强、水质状态不下降。
中警	黄色	分区生态环境一般，环境污染压力一般、资源利用水平一般。 　　水生生物性一般，政府响应在一些方面存在问题、水质状态可能有恶化的趋势。
中高警	橙色	分区生态环境较差，环境污染压力较大、资源利用水平较低。 　　水污染状况较重，水生生物性较低、水污染状况较重，政府响应存在问题、水质状态不断恶化。
高警	红色	分区生态环境很差，环境污染压力很大、资源利用水平很低。 　　水生生物性很低、水污染状况严重、政府响应存在严重问题、水质状态恶化趋势明显。

4.2　预警结果及分析

　　基于绩效评估结果与预警阈值设定，对2016—2019年各功能分区的压力情况、状态情况、响应情况以及综合绩效情况进行预警分析。其中蓝色代表无警,绿色代表轻警,黄色代表中警,橙色代表中高警,红色代表高警。

4.2.1 压力预警及其趋势分析

太湖流域各功能分区压力预警结果由图 4-1 所示(附图)。结果表明大部分的功能分区的压力预警级别为"无警",其中Ⅰ、Ⅱ、Ⅲ类功能分区的压力情况和响应情况好于Ⅳ类功能分区。从时间变化趋势上来看,太湖流域各功能分区的压力预警级别总体维持稳定,"中警"级别及以上的区域不断减少,2016 年压力指标无警、轻警大约占 80%,2019 年压力指标无警、轻警达到 95%以上,说明环境污染压力逐渐变小、资源利用水平不断提高,Ⅲ-15 功能分区压力预警级别较高,主要原因是该分区的环境污染控制水平较低,COD、氨氮等污染物排放强度较大,Ⅳ-06 功能分区压力预警级别较高,主要原因是建设用地面积占比较高。

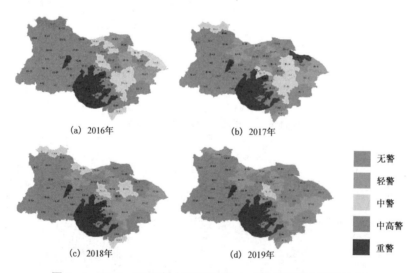

(a) 2016年   (b) 2017年

无警
轻警
中警
中高警
重警

(c) 2018年   (d) 2019年

图 4-1 2016—2019 年太湖流域 49 个功能分区压力预警结果

从行政分区角度来看,结果表明太湖流域大部分地区的压力指标预警级别较低,说明太湖流域整体上污染排放控制良好,资源利用集约。压力指标预警级别较高的地区集中在常熟市、梁溪区、新吴区等行政分区。其中常熟地区环境污染控制水平较低,COD、氨氮等污染物排放强度较大,这些地区需要加强污染防治力度,推进城镇污水处理设施建设和升级改造,并进一步调整工业结构。梁溪区、新吴区资源利用水平较低,建议合理调整经济结构和产业布局,挖掘存量建设用地,控制建设用地总量。

4.2.2　状态预警及其趋势分析

太湖流域各功能分区状态预警结果由图4-2所示(附图)。结果表明Ⅰ、Ⅱ、Ⅲ、Ⅳ分区的状态预警情况没有显著差别。状态指标的预警情况随时间有明显的提升,太湖流域各功能分区的状态预警级别总体降低,2016年状态指标无警和轻警占50%左右,2019年状态指标无警和轻警达到85%左右,说明太湖流域生态环境状况逐渐好转,分区管控成效逐渐显露。

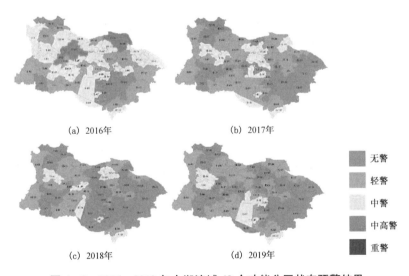

(a) 2016年　　　　　　　　(b) 2017年

(c) 2018年　　　　　　　　(d) 2019年

无警
轻警
中警
中高警
重警

图4-2　2016—2019年太湖流域49个功能分区状态预警结果

从行政分区角度来看,结果表明太湖流域大部分地区压力指标预警级别较低,说明分区管控水质治理成效显露。苏州高新区、吴中区、常州金坛区部分地区的状态指标预警级别较高,处于中警的预警级别,这些地区的主要问题在于水质考核断面优Ⅲ类比例低,需要进一步关注断面水质,着力落实截污达标工作任务,有效推动水质提升,提高水质达标率。

4.2.2 响应预警及其趋势分析

太湖流域各功能分区响应预警结果由图4-3所示(附图)。结果表明太湖流域响应指标的情况预警级别较低,政府响应状况整体较好。其中生态Ⅰ级区的政府响应力度最强,高于Ⅱ、Ⅲ、Ⅳ的响应状况,时间变化趋势上来看,太湖流域各功能分区的响应预警情况维持稳定,2017年相对2016年有较大提升,2018—2019年有一定程度的回落,总体上无警和轻警的比例维持在75%左右。

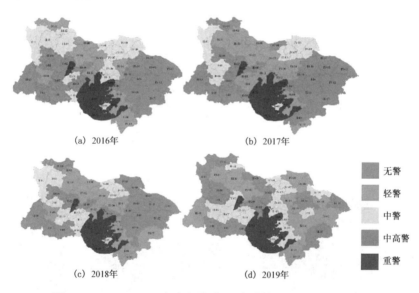

(a) 2016年   (b) 2017年

(c) 2018年   (d) 2019年

无警
轻警
中警
中高警
重警

图4-3 2016—2019年太湖流域49个功能分区响应预警结果

从行政分区角度来看,结果表明,水生态功能分区所涉及地级市中,各个行政区的响应预警结果普遍都处于较好水平,而无锡江阴市、宜兴市、梁溪区以及苏州高新区响应相对较弱,这些地区主要问题在于清洁生产审核重点企业个数比例低,环保部门需尽快督促重点企业实施强制性清洁生产审核,有效促进污染减排目标的实现。

4.2.2　综合绩效预警及其趋势分析

　　太湖流域各功能分区综合绩效预警结果由如图4－4可知(附图),生态Ⅰ、Ⅱ、Ⅲ、Ⅳ分区的综合绩效评估结果没有明显区别。从时间变化趋势上来看,综合绩效指标预警级别提升明显。基于分区管控绩效评估体系,结果表明2016年只有不足40%的功能分区处于无警和轻警状态,而2019年80%以上的地区处于无警和轻警状态,说明《江苏省太湖流域水生态环境功能区划》在太湖流域污染负荷减轻、水质状态改善、政府响应方面取得了明显的效果,太湖流域水生态环境功能分区管理绩效不断向好发展。

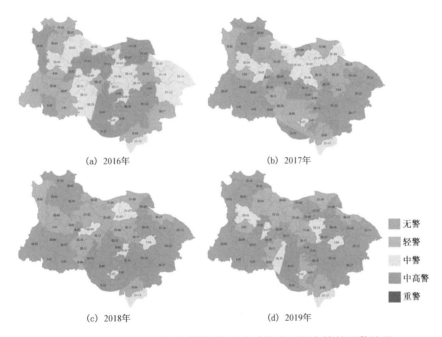

(a) 2016年　　　　　　　(b) 2017年

(c) 2018年　　　　　　　(d) 2019年

无警　轻警　中警　中高警　重警

图4－4　2016—2019年太湖流域49个功能分区综合绩效预警结果

　　太湖流域各行政分区综合绩效预警结果如图4－5所示(附图)。结果表明太湖流域水生态功能分区所涉及地级市中,各行政区的综合绩效进步普遍较为明显,其中苏州吴中区、高新区、无锡滨湖区的综合绩效预警结果较差,主要问题在于水质考核断面优Ⅲ类比例低,相关行政区需要关注断面水质,着力落实截污达标工作任务,有效推动水质提升,提高水质达标率。

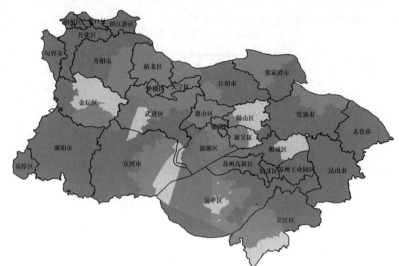

图 4-5　2019 年太湖流域各行政分区综合绩效预警结果

4.3　提前预测预警

4.3.1　绩效得分预测方法体系

为了实现绩效提前预测预警,需要基于以往的数据总结经验,利用时间序列方法对压力、状态、响应情况进行动态预测。本研究采用了灰色预测模型 GM(1,1)对 2016—2019 年的数据进行处理,预测水生态功能分区至2021 年的压力、状态以及响应指标得分,进而得到未来近期综合绩效指数发展趋势。灰色预测模型 GM(1,1)原理就是通过一次累加让原本杂乱无序的数列变得服从线性模型,设有原始参数数据列 $x^{(0)} = (x^{(0)}(1), x^{(0)}(2), \cdots, x^{(0)}(n))$,$n$ 为数据个数。根据 $x^{(0)}$ 数据列建立 GM(1,1)方程模型实现预测功能,具体过程如下:

① 原始数据累加。以便弱化随机序列的波动性和随机性，对原始数据进行累加得到新数据序列：

$$x^{(1)}(t) = \sum_{k=1}^{t} x^{(0)}(k), t=1,2,\cdots,n \qquad (4-2)$$

$$x^{(1)} = (x^{(1)}(1), x^{(1)}(2), \cdots, x^{(1)}(n)) \qquad (4-3)$$

其中，$x^{(1)}(t)$ 中各数据表示对应前几项数据的累加，称所得到的新数列为数列 $x^{(0)}$ 的一次累加生成数列。根据新数据序列，计算紧邻均值生成序列。

$$Z^{(1)} = (z^{(1)}(2), z^{(1)}(3), \cdots, z^{(1)}(n)) \qquad (4-4)$$

② 数据的准指数规律检验。为了保证 GM(1,1) 建模方法的可行性，需要对已知数据做必要的检验处理。根据原始数据列 $x^{(0)} = (x^{(0)}(1), x^{(0)}(2), \cdots, x^{(0)}(n))$，计算数列的级比 $\sigma(k)$ 和光滑比 $\rho(k)$。

$$\sigma(k) = \frac{x^{(0)}(k-1)}{x^{(0)}(k)}, k=2,3,\ldots,n \qquad (4-5)$$

$$\rho(k) = \frac{x^{(0)}(k-1)}{x^{(1)}(k)}, k=2,3,\cdots,n \qquad (4-6)$$

如果 $\forall k, \sigma \in [a,b]$，且区间长度 $\sigma = b-a < 0.5$，则称累加一次后的序列具有准指数规律。一般只需要保证 $\rho(k) \in (0, 0.5)$，通过计算出 $\rho(k) \in (0, 0.5)$ 的占比，一般认为数据光滑比小于 0.5 的数据占比超过 60%，除去前两个时期外，占比大于 90% 的数据可以通过检验。

③ GM(1,1) 建模。当原始数据序列满足准指数检验需求时，以它为数据建立 GM(1,1) 模型。

$$x^{(0)}(k) + a z^{(1)}(k) = b \qquad (4-7)$$

利用回归分析求得 a, b 的估计值，于是相应的白化模型为

$$\frac{d x^{(1)}(t)}{dt} + a x^{(1)}(t) = b \qquad (4-8)$$

通过求解该模型，得到预测值 $\hat{x}^{(1)}(k+1)$，通过累减得到最终的 $\hat{x}^{(0)}(k+1)$。

④ 残差检验和级比偏差检验。

残差检验。计算相对残差,如果平均相对残差小于 0.2,则认为 GM(1,1)对原数据的拟合达到一般要求,如果平均相对残差小于 0.1,则认为模型对原数据的拟合效果非常不错。

$$\varepsilon(k)=\frac{x^{(0)}(k)-\hat{x}^{(0)}(k)}{x^{(0)}(k)}, k=1,2,\cdots,n \qquad (4-9)$$

级比偏差检验。根据原始数据的级比 $\sigma(k)$,再根据预测出来的发展系数 $(-\hat{a})$ 计算出相应的级比偏差和平均级比偏差。如果平均级比偏差小于 0.2,则认为模型对原数据的拟合达到一般要求,如果值小于 0.1,则认为模型对原数据的拟合效果非常不错。

$$\eta(k)=\left|1-\frac{1-0.5\hat{a}}{1+0.5\hat{a}}\frac{1}{\sigma(k)}\right| \qquad \bar{\eta}=\sum_{k=2}^{n}\eta(k)/(n-1) \qquad (4-10)$$

4.3.2　绩效得分预测结果分析

本研究基于对 2017—2019 年数据进行整理,利用灰色预测模型 GM(1,1),对 2020 年、2021 年太湖流域水生态功能分区的压力、状态以及响应以及综合绩效指标得分进行预测,结果图 4-6 所示。基于绩效评估体系以及时间序列计算得出 2020、2021 年压力、状态、响应及综合绩效指标得分,对该数值进行分析,结果表明各功能区的压力指标和响应指标维持在较高水平,状态指标逐年上升,说明太湖流域整体上污染排放控制良好,资源利用集约,政府响应积极,近些年对太湖流域的污染治理和管理取得了显著的成效。但响应情况呈现下降趋势,说明政府需要坚持产业结构调整和清洁生产督察,确保响应力度不下降。

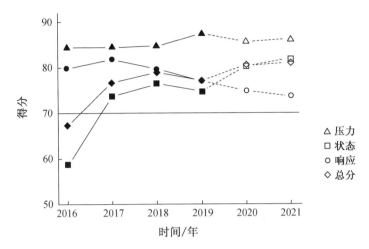

图 4-6　水生态环境功能分区整体综合绩效得分预测结果

1. 分区压力预测分析

预测模拟得到压力层指标未来变化结果如图 4-7。2021 年所有分区的压力指标整体情况都在无警和轻警级别，Ⅳ级功能分区的污染压力较其他功能分区而言压力指标得分较低，污染物排放管控及资源集约利用水平相对较差，但随着时间变化有明显提高。

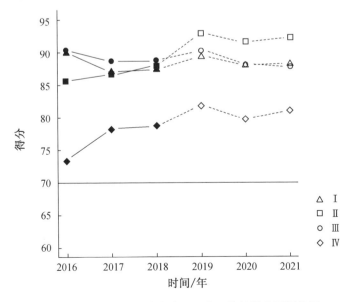

图 4-7　水生态环境功能分区压力层绩效得分预测结果

2. 分区状态预测分析

预测模拟得到状态层指标未来变化结果如图 4-8 所示。结果表明,各类功能分区的状态指标随着时间变化呈不断提升的整体趋势,其中Ⅳ级分区的提升速度最明显,到 2021 年,各类功能的状态指标总体可以达到轻警以上。状态改善的速度不断减慢,趋于平缓,可能是因为绩效评估中状态指标中的物种保护类指标较难提高,反映了水生态改善相对于水质改善更为困难。

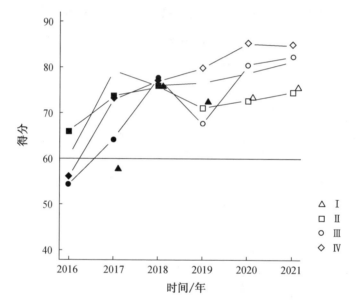

图 4-8 水生态环境功能分区状态层绩效得分预测结果

3. 分区响应预测分析

预测模拟得到响应层指标未来变化结果如图 4-9 所示。结果表明Ⅰ区的响应情况好于其他功能分区。各类功能分区的响应指标随着时间变化有明显的下降,到 2021 年,Ⅰ类功能分区的状态指标总体可以达到无警级别,Ⅱ、Ⅲ、Ⅳ类功能分区的响应情况可能处于轻警级别,这说明政府需要坚持产业结构调整和清洁生产督察,确保响应力度不下降。

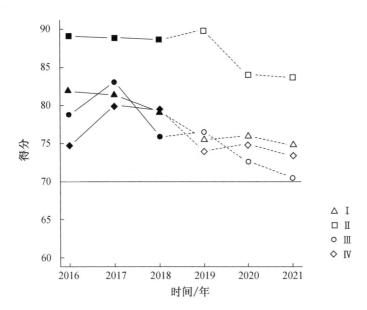

图 4－9 水生态环境功能分区响应层绩效得分预测结果

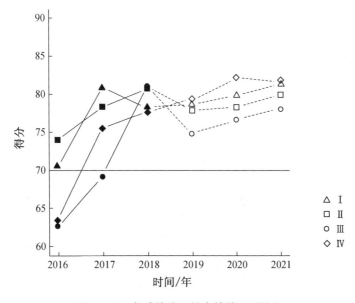

图 4－10 各功能分区综合绩效预测结果

4. 分区综合绩效预测分析

预测模拟得到综合绩效未来变化结果由图 4‑10 所示。结果表明,到 2021 年各类功能分区的综合绩效指标总体可以达到无警和轻警级别。各类功能分区的综合绩效指标先上升然后趋于平缓,这说明目前太湖流域污染压力、水质情况、政府响应力度综合情况较好,但进步动力不足,还需要制定新的政策,持续投入资金,实现区域环境更高水平发展。

4.3.3 综合绩效指数提前预警及结果分析

基于灰色预测模型模拟结果,本研究对 2021 年各功能分区的压力指标、状态指标、响应指标和综合绩效指标的情况分别做出提前预警,为各级政府及时预防,提前谋划提供参考依据。

2021 年压力预测结果如图 4‑11 所示(附图)。预测结果显示,无锡锡山区、新吴区、梁溪区、惠山区的预警级别较高,说明这些地区在接下来针对太湖流域的工作中需要着重关注污染压力和资源利用方面的情况,严格遵守总量控制,谨防相关压力指标超过负荷。

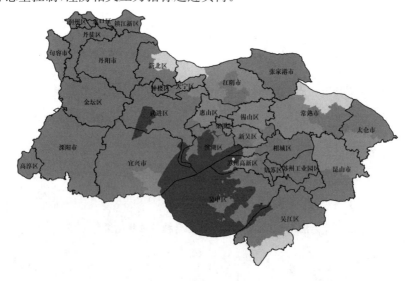

图 4‑11 2021 年太湖流域各行政分区压力预测预警结果

2021 年状态预测结果如图 4-12 所示(附图)。预测结果显示,苏州高新区、吴中区,常州金坛区的部分地区状态预警级别较高,说明这些地区在接下来针对太湖流域的工作中需要着重关注流域水质问题以满足区域的生产生活需求。

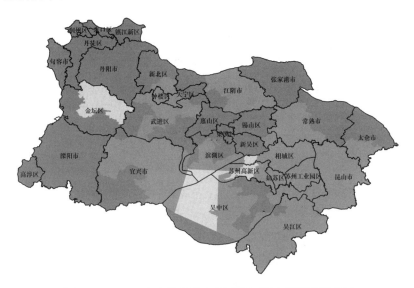

图 4-12　2021 年太湖流域各行政分区状态预测预警结果

2021 年响应预测结果如图 4-13 所示(附图)。预测结果显示,无锡江阴市、无锡宜兴市、镇江丹阳市、苏州吴江区等地区的响应预警级别较高,这些地区政府响应力度有所下降,经过调整,响应情况可能没有预测结果显示严重,但说明这些区域响应力度明显下降,接下来针对太湖流域的工作中需要加强政府响应,不断加大环保投入和环保人员配置,提高区域风险管控能力。

2021 年的综合绩效预测结果进行分析如图 4-14 所示(附图)。预测结果显示,南京市、镇江市、常州市的综合绩效评估结果较好,而无锡江阴市、苏州吴中区等地区综合绩效评估结果还有待提高,需要根据各自的薄弱环节,继续加强责任落实与考核,不断调整优化环境管理模式。

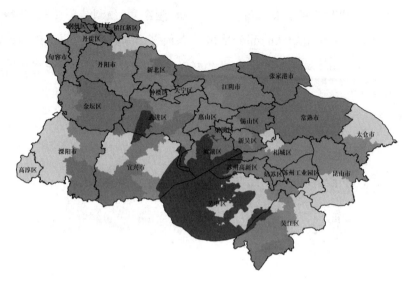

图 4－13 2021 年太湖流域各行政分区响应预测预警结果

图 4－14 2021 年太湖流域各行政分区综合绩效预测预警结果

4.4 主要结论

（1）太湖流域水生态环境功能分区综合预警结果不断向好发展,与管理绩效结果吻合。2016—2019年,太湖流域四级水生态环境功能分区综合预警级别不断下降,无警和轻警比例由40%左右提高至80%以上,各级分区没有明显的区别。2019年苏州吴中区、高新区、无锡滨湖区的综合绩效预警结果较差,这些地区需要关注断面水质,着力落实截污达标工作任务,有效推动水质提升,提高水质达标率。

2016—2019年,太湖流域水生态环境功能分区压力、状态、响应预警级别均有不同程度的减轻,其中压力和响应维持在较高水平,而状态预警状况明显改善。压力预警中,无警和轻警的比例由80%左右上升至95%左右,研究区域的污染排放控制良好,资源利用较为集约。2019年,常熟市、梁溪区、新吴区等区域的压力预警级别较高,这些地区需要对污染压力加以控制、进一步提高资源利用水平。状态预警中,无警和轻警的比例由50%左右上升至85%左右,说明研究区域的生态环境基础较差,但逐渐好转,分区管控成效逐渐显露。2019年,苏州高新区、吴中区,常州金坛区等地区的状态指标预警级别较高,这些地区生态环境状况、污染状况还需要加强管控。响应预警中,无警和轻警的比例维持在75%左右,说明大部分功能区的政府响应状况较好,2017年相对2016年有较大提升,而2018—2019年有一定程度的回落。2019年,无锡江阴市、宜兴市、梁溪区以及苏州高新区等地区的响应预警级别较高,这些地区响应力度相对其他地区较弱,需要进一步提高。

（2）根据预测结果,2021年各类功能分区的综合绩效总体可以达到无警和轻警级别,虽有小幅度的上升,但是逐渐趋于平缓。这说明目前太湖流域污染压力、水质情况、政府响应力度综合情况较好,但进步动力不足,未来在关注流域水质问题、落实截污达标工作任务、推动水质提升的同时,更要注重流域水生态修复,实现区域环境更高水平发展。

　　预测压力指标在未来短期内将小幅度提升,至 2021 年,Ⅰ、Ⅱ、Ⅲ 级功能分区压力指标可以达到 85 分以上,Ⅳ 级功能分区可以达到 80 分左右。因此 Ⅳ 级功能分区压力指标较大,还需要进一步控制污染排放、提高资源利用效率。预测状态指标 Ⅰ、Ⅱ、Ⅲ、Ⅳ 级分区没有明显的区别,未来趋势维持稳定,到 2021 年,总体可以达到 80 分,整体处于在无警、轻警水平,但状态改善的速度不断减慢,且趋于平缓,这说明水生态改善相对于水质改善更为困难,未来水环境改善需要投入更多努力。预测响应指标 Ⅰ 区的响应情况好于其他功能分区,到 2021 年,Ⅰ 区总体可以达到 85 分左右,其他分区可以保持 70 分以上,未来响应指标不会有明显提升,还可能面临小幅度的下滑,政府需要坚持产业结构调整和清洁生产督察,确保响应力度不下降。

第五章 太湖流域水生态环境功能分区
管理绩效改善动态模拟

在明确不同类型功能分区和关键绩效指标评估的基础上,耦合主体目标、多层级、多指标的响应关系,通过 GIS 构建太湖流域水生态环境功能分区管理绩效改善的动态模拟系统。基于绩效评估框架中的不同分级管理目标、社会经济影响、政策实施反馈等不同驱动力作用,结合障碍因子分析及目标可达性分析,通过四象限法则和二维向量结构指标体系等理论方法,建立低、中、高三种情景模式,来表征太湖流域水生态环境功能分区绩效改善的效率。综合分析各分区的投入及管理绩效产出结果,基于成本—效益/效用分析开展分级、分类、分期的多维度水生态环境功能分区管理实施效果的动态集成评估,为政府及环保部门的分区管理优化调控提供科学依据。

5.1 绩效评估目标可达性分析

为评价太湖流域水生态环境功能分区近期目标可达性,本研究以 49 个水生态环境功能分区生态环境指标现状与绩效评估目标的差距为切入点,分析各水生态环境功能分区直接差距以及指标差距原因。结合差距分析结果,从政府投入水体污染治理的成本分析水生态环境功能分区绩效评估目标可达性,确定绩效评估目标可达性等级,为制定太湖流域水生态环境功能分区绩效评估目标优先次序提供依据。

5.1.1　绩效评估目标差距分析

为具体分析太湖流域水生态环境各功能分区生态环境现状与绩效评估目标的差距来源,本研究运用直接差距分析法,即用目标值与现状值的差值与目标值之比,对太湖流域水生态环境各功能分区的各指标现状值与目标值的差距进行分析,来表征现状值与目标值的差距。太湖流域水生态功能分区绩效评估目标指标见表 5-1。

表 5-1　太湖流域水生态功能分区绩效评估目标指标

类别	绩效评估目标指标	单位
环境效率	单位面积 COD 排放	吨/平方千米
	单位面积氨氮排放	吨/平方千米
	单位面积总磷排放	吨/平方千米
环境质量	重点监控断面优Ⅲ类比例	%
	水生态健康指数	—
	湿地林地占比	%
	底栖敏感种达标情况	%

5.1.2　目标可达性分析路径

为评估《江苏省太湖流域水生态环境功能区划(试行)》中制定的各功能分区的目标是否具有可行性,本研究基于太湖流域水生态环境各功能分区生态环境现状,将政府节能环保支出占 GDP 比重作为判断政府环境治理重视程度的体现,再结合差距分析结果,确定目标可达性分析路径,对太湖流域水生态环境各功能分区的各绩效评估目标进行目标可达性评估。

通过搜集各区节能环保支出占 GDP 比重数据,以此代表其治理力度,依据表 5-2 中等级划分方法,分别得到太湖流域水生态环境各功能分区 2016—2018 年等级划分结果,分别为高、中、低。

表 5 - 2　基于节能环保支出的等级划分方法

等级划分	障碍度得分区间	节能环保支出占 GDP 比重分布区间(%)
高	[0.5,1)	(0.4,100]
中	[0.25,0.5)	(0.2,0.4]
低	[0,0.25)	(0,0.2]

为具体分析各水生态功能分区生态环境现状与目标的差距来源,本研究对太湖流域 49 个水生态功能分区的各指标现状值与目标值的差距进行了分析。本研究采用直接差距分析法,即用目标值与现状值的差值与目标值之比,来表征现状值与目标值的差距,等级划分方法如表 5 - 3 所示。

表 5 - 3　基于直接差距法的等级划分方法

指标方向	差值范围	等级
正向指标	≥0	高
	(−0.3,0)	中
	≤−0.3	低
负向指标	≤0	高
	(0,0.015)	中
	≥0.015	低

为综合考虑差距定量分析和节能环保支出占比对目标可达性的影响,基于四象限法则和二维向量结构指标体系等方法论,采用图 5 - 1 中的目标可达性分析方法,以节能环保支出占 GDP 比重为横坐标,差距定量分析结果为纵坐标,逐年分别对太湖流域水生态环境各功能分区距 2020 年各个绩效评估目标可达性进行分析,结果分别为:高、中、低。通过对 2016—2018 年水生态功能分区的节能环保支出占 GDP 比重及差距定量结果的综合分析,体现出各功能分区目标可达性的动态变化情况,即未来各分区的投入、距目标差距的大小,说明了流域环境治理成本与需达成环境治理效益的匹配程度。

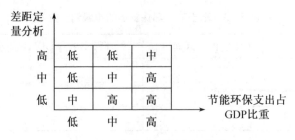

图 5-1　目标可达性分析方法

其中,判定标准为:① 节能环保支出占 GDP 比重等级越高、差距定量分析结果越低的评估指标,意味着该指标对于目标达成的差距较小,且对于节能环保治理更为重视,因此目标可达性高;② 节能环保支出占 GDP 比重等级越低、差距定量分析结果越高的评估指标,意味着该指标对于目标达成的差距较大,且对于节能环保治理更不重视,因此目标可达性低。

5.1.3　目标可达性结果及分析

根据目标可达性分析方法体系,得到太湖流域水生态环境功能分区目标可达性评价结果(见图 5-2 与图 5-3)(附图)。因为目标可达性分析综合了差距定量分析与节能环保支出占 GDP 比重,因此其等级分布相较于障碍因子分析更为复杂。

2016—2018 年所有功能分区的所有 7 项指标统计下,可达性为"低"、"中"与"高"的占比分别为 42.26%、24.92% 和 32.82%。对于各功能分区,2016 年和 2018 年目标可达性结果相差不大,占比均为"低">"高">"中"。2017 年目标可达性为"高"和"中"的功能分区明显增加,为"低"的功能分区明显减少。重点监控断面优Ⅲ类比例指标、水生态健康指数指标和单位面积 COD 排放指标的目标可达性在大部分功能分区中逐年降低,因此对于这三个指标可达性降低的各功能分区应着重治理。底栖敏感种达标情况随着时间有显著提高。

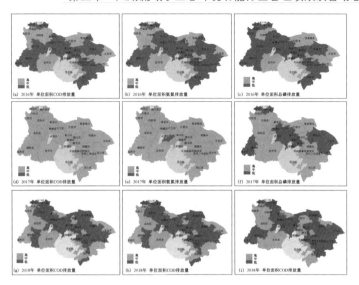

图 5‑2　水生态环境功能分区目标可达性分析结果(环境效率)

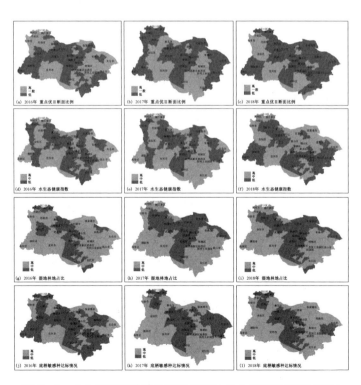

图 5‑3　水生态环境功能分区目标可达性分析结果(环境质量)

对于Ⅰ-03、Ⅱ-03、Ⅲ-11在连续三年的可达性得分均较高,可达性为高的较多,且没有出现可达性低的情况。对于均在湖区的生态功能分区而言,各指标的可达性大部分位于中及低,较少出现高的情况,因此均位于湖区的生态功能分区应着重治理,注重治理成本与治理效益之间的匹配程度。

5.2　绩效评估目标效率动态评估

基于四象限法则和二维向量结构指标体系等方法论,选取不同维度评估绩效评估目标优先序。考虑到绩效评估目标的优先序与该目标对地区的影响以及在该地区实现该目标可能性的大小有关,因此确定从绩效评估目标可达性和障碍因素两个维度进行绩效评估目标优先序的评估。且选择将障碍因素分析结果划分为高、中、低的方式使其与可达性分析结果的形式统一,进而对49个功能分区绩效评估目标达成效率进行动态评估,分为高效、一般、低效三个等级。

5.2.1　绩效评估目标效率动态评估

考虑到绩效目标达成效率与该目标对地区的影响和在该地区实现的可能性有关,因此确定从绩效评估目标可达性和障碍度两个维度进行绩效目标达成效率与预警的模拟。通过高、中、低三种情景组合对太湖流域水生态环境功能分区管理绩效目标达成效率进行分级,以高效、一般、低效表征。根据目标达成效率等级得到预警结果,以无警、中警、高警表征,见表5-4。其判定标准为:障碍度等级越低、目标可达性越高,意味着该指标对于管理绩效表现较好,因此目标达成效率高,预警级别低;反之,意味着该指标对于绩效改善的制约性越强,因此目标达成效率低,预警级别高。

表 5 - 4　不同可达性和障碍因子下目标达成效率及预警分级

情景设置		目标达成效率分级	预警分级
目标可达性	障碍度		
高	低	高效	无警
高	中	高效	无警
中	低	高效	无警
低	低	一般	中警
中	中	一般	中警
高	高	一般	中警
中	高	低效	高警
低	高	低效	高警
低	中	低效	高警

5.2.2　目标效率动态评估结果

目标达成效率与障碍因子、可达性分析结果有关,根据目标达成效率及预警分析方法体系,得到太湖流域水生态环境功能分区目标达成效率及预警评价结果。7 个绩效评估指标的目标达成效率空间表征结果见图 5 - 4、图 5 - 5(附图)。

2016—2018 年功能分区中目标达成效率为"低效"、"一般"和"高效"的占比分别为 8.92%、42.36% 和 48.72%,说明功能分区的预警分级以"无警"的最多,其次为"中警","高警"的最少。这表明江苏省太湖流域水生态环境功能分区管治效果总体水平较好。仅考虑 3 年的数据可能对预警结果有一定影响,但本研究考虑的方法与结果对政策制定与执行仍有一定的指导意义。

由图 5 - 4 可见,环境效率指标(单位面积 COD、NH_3 - N、TP 排放指标)连续 3 年均未出现"低效"的情况,2017 年"高效"的比例最高,2018 年"一般"的比例最高,说明目标达成效率呈现出随时间下降的趋势,预警分级

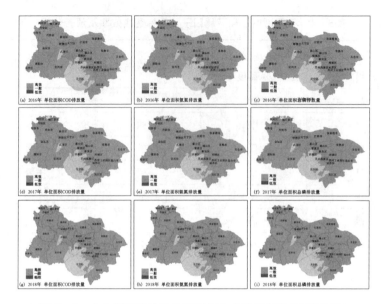

图 5‒4 水生态环境功能分区目标达成效率结果(环境效率)

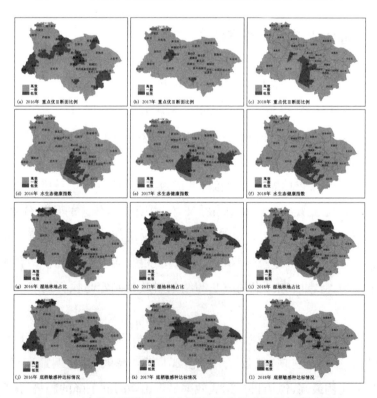

图 5‒5 水生态环境功能分区目标达成效率结果(环境质量)

较多为"中警"。尽管 2.1 节中环境效率指标的障碍度均为"低",但在 2.2 的可达性分析中,这三个指标仍然出现较多"低"的情况,因此并非都是"无警"状态。从区位特征上看,环境效率指标目标达成效率为"一般"的区域主要分布在太湖中心湖体的北部、东北部,即较多"中警",主要包括苏州、无锡中部或北部、常州。滆湖的西北部、南部,太湖东南部的地区多"高效(无警)"的情况,这些地区工业水平相对太湖北部、西北部而言较低,污染物排放目标的达成效率更高。因此,对于环境效率指标目标达成效率为"一般"的区域需要加大污染物排放的控制力度,以达到规定的目标值。

由图 5-5 可见,环境质量指标中,水生态健康指数在湖区预警分级多为"高警",陆域部分多"无警"和"中警";底栖敏感种达标情况则与水生态健康指数的预警空间分布特征相反,但出现"低效"的部分有随着时间从分散到聚集至江苏省太湖流域中部的趋势(滆湖的东部);湿地林地占比在陆域和湖区均出现较多的"高警",仅太湖中心湖体的东北部、宜兴市附近为"无警",需极力加强湿地林地的保护与修复;重点监控断面优Ⅲ类比例指标较少为"低效",但预警级别有向"中警"和"高警"转变的趋势,湖区出现较多"高警"。由此可见,湖区相较于陆域的治理难度更大,重视程度相对更低,应对湖区的功能分区加大治理力度,重视物种保护与生态修护工作,以免出现"高警"的情况。值得说明的是,宜兴市环境质量指标的目标达成效率几乎都为"高效",即"无警"状态,这表明宜兴市的水质水生态、物种保护、土地空间管控效果较好。

综上所述,对于预警级别为"中警"的地区,应做好预防措施,防止向"高警"转变。而对于"高警"地区,应制定相应的整治措施,有针对性地提高目标达成效率,从而实现环境治理成本最小化与治理效果最大化。

5.3 主要结论

(1) 综合各功能分区结果来看,所有指标的可达性为低、中、高的占比依次下降,说明对于各功能分区各指标而言,所有指标离目标值的实现仍有一定的距离。2017 年可达性为高、中的比例明显较 2016、2018 年增加较多,低的功能分区减少,说明在治理期间,2017 年治理效果最好,但随着时间的推移,环境治理效果有变差的趋势。

(2) 针对陆域水生态环境功能分区,水生态环境功能分区Ⅰ-03 所有指标在所有年份的目标达成效率结果都为"高效",说明该水生态环境功能分区环境治理效果较好。此外,Ⅰ-04、Ⅱ-03、Ⅲ-07、Ⅲ-10、Ⅲ-11、Ⅲ-18、Ⅲ-19 均未出现"低效"的情况,且"一般"的情况除个别指标、个别年份外出现频率较低。陆域部分Ⅰ-02、Ⅲ-12、Ⅳ-02、Ⅳ-03 出现"高效"的情况较少,多为"一般"和"低效",环境绩效较差,主要集中在湿地林地占比、底栖敏感种达标情况指标上,因此需加强湿地林地保护与修复,切实加强水生动物类保护力度,维护物种生息繁衍场所和生存条件,从而提高底栖敏感种达标情况。

(3) 在湖区部分,除了Ⅱ-10 未出现"低效"外,其余湖区(Ⅰ-05、Ⅱ-07、Ⅱ-08、Ⅱ-09、Ⅲ-20)表现均较差,出现较多的"低效"和"一般"的情况。因此,水生态环境功能分区六大湖区未来应着重推进水生态环境治理,进一步优化流域土地利用,加大湿地保护力度,积极恢复并扩大湿地面积,加快建立和完善湿地保护的体制机制,并且需要着重治理水生态健康状况,以提高水生态健康指数水平。

(4) 总体而言,江苏省太湖流域目标达成效率情况较好,"高效"、"一般"、"低效"的比例依次下降,说明太湖流域的治理取得了较好的效果。环境效率指标单位面积 COD、氨氮、总磷排放管理较好,但仍需警惕下降的趋势。水生态健康、物种保护效果较好,需继续保持。水质、土地利用空间管控效果也较好,但仍有较大的改善空间,谨防向"低效"转变。

第六章　太湖流域水生态环境功能分区管理政策建议

　　基于太湖流域水生态环境功能分区管理绩效评估、动态预警、动态模拟，由结果可以看出，近年来，太湖流域四级功能分区资源利用效率稳步提高，节能减排取得明显成效，流域生态健康不断转好，表明太湖流域水生态环境功能分区管理取得积极成效。由于环境污染造成的生态压力得到减缓，流域水环境及水生态状况明显提高，政府关于清洁生产、能源资源集约使用的响应措施实施效果显著。然而，清洁生产企业占比、部分断面重点监控断面优Ⅲ比例有较大程度下降，跨区域分区管理界限仍不清晰，本研究基于前文各章节内容，对研究结论进行系统性整理，针对存在的问题提出管理政策意见及保障措施。

6.1　太湖流域分区管理政策建议

　　本研究构建了太湖流域水生态环境功能分区管理绩效动态评估、动态预警及动态模拟体系，基于多维度的评估框架及技术对分区管理进行评估，研究表明四级水生态环境功能分区管理绩效得分呈现稳定增长态势，但部分功能分区管理绩效得分有所波动甚至出现持续走低态势，49 个水生态功能分区管理绩效限制因子不一，区域差异明显。基于预警阈值的科学设置，横纵向维度对比 49 个水生态环境功能分区管理绩效预警状况，预警时空差

表6-1 太湖流域水生态环境功能分区存在问题及政策建议

地级市	县级市	生态功能分区	存在问题	预警级别	重点管控方向（功能分区）	重点管控方向（行政区划）
常州	金坛区	Ⅰ-01	化肥施用量需进一步管控,水生态健康指数仍未达标准达标情况差,底栖敏感种达标情况差	响应预警级别为中警	提高化肥施用效率,推进有机肥资源利用;推进水生植物群落重建及生物多样性恢复,调控鱼类群落,提高生态健康指数;切实加强水生动物类保护力度,维护水生息繁衍场所和生存条件	全区继续全面彻底落实江苏省化肥减量增效行动实施方案,推进有机肥资源利用,明确化肥使用限定目标;形成定期监测技术方案,密切关注Ⅲ-04断面水质情况,注重调控Ⅰ-01的水生态健康指数情况,推进生态健康断面数情况,推进生物多样性恢复,推进截污工程,底泥清淤,进一步提升断面水质,切实维护水生物种生息繁衍场所和生存条件
		Ⅱ-01	化肥施用量需进一步管控,底栖敏感种达标情况差;湿地林地占比仍有提升空间,障碍度最高	响应预警级别为中警	加大造林工程投入力度;提高化肥施用效率,推进有机肥资源利用;加强湿地保护,切实加强水生动物类保护力度,维护水生息繁衍场所和生存条件	
		Ⅲ-04	化肥施用量需进一步管控,重点优Ⅲ水质断面比例为0,障碍种敏感种达标情况差	状态预警级别为中警	推进截污工程,底泥清淤,进一步提升断面水质;切实加强水生动物类保护力度,维护水生息繁衍场所和生存条件;提高化肥施用效率,推进有机肥资源利用	
	武进区	Ⅱ-02	湿地林地占比仍有提升空间,底栖敏感种达标情况差	—	加大造林工程投入力度;加强湿地保护,切实加强水生动物类保护力度,维护水生息繁衍场所和生存条件,推进有机肥资源利用	
		Ⅱ-07*	整体表现良好、湿地林地面积、优Ⅲ断面比例及底栖敏感种出情况三个指标情况达成为中;其中断面情况达成效率较低	—	推进截污工程,底泥清淤,进一步提升断面水质	

（续表）

地级市	县级市	生态功能分区	存在问题	预警级别	重点管控方向（功能分区）	重点管控方向（行政区划）
地级市		Ⅱ-09*	湿地林地占比及水生态健康指数目标达成效率较低	—	推进水生植物群落重建及生物多样性恢复，调控鱼类群落，提高生态健康指数；加大造林工程投入力度，加强湿地保护	武进区其涉及8个水生态环境功能分区，重点重视Ⅲ-09、Ⅲ-20两中警；中高警分区的管理，其中Ⅲ-20属于跨流域湖区，水质状况十分区，应协同其他相关区复，全面推进水污染防域，积极实行协作治治。该区域目前产业结构仍偏重，转型升级缓慢，应进一步推动化工、印染、电镀等传统行业转型升级，工业废水排放存在隐患，环境治理水平有待提高，持续推进城镇污水处理提质增效行动；生态修复工程进展缓慢，部分已建湿地工程被破坏状，林地湿地障碍度高，需切实落实湿地林地建设及保护工程，如湿地保护小区建设维方案，以湿地林地建设维护动物种生息繁衍场所和生存条件；进一步促进水生动物类保护，维护物种生息繁衍场所和生存条件
		Ⅲ-09	重点监控断面优Ⅲ类水质有所反复；湿地林地占比仍有提升空间	状态预警级别为中警；综合绩效预警级别为中警	推进截污工程，底泥清淤，维持断面水质稳定健康发展；加大造林工程投入力度，加强湿地保护	
		Ⅲ-12	化肥施用量需进一步管控，底栖敏感种达标情况差；控断面水质优Ⅲ类比例为高；障碍度高，清洁生产企业比例仍不够	—	推进截污工程，底泥清淤，进一步提升断面水质；加大清洁生产力度，鼓励企业开展清洁生产审核评估	
		Ⅲ-20*	水质有进一步恶化的趋势，重点监控Ⅲ类比例三年均为0；生态健康指数下降，断面优Ⅲ类有待加大	综合绩效预警级别为中高警；管理费效得分变差，状态预警级别为中警	推进截污工程，底泥清淤，进一步提升断面水质；推进水生植物群落恢复，调控鱼类群落，提高生态健康指数	
		Ⅳ-02	建设用地占比过大，湿地林地占比不足，土地利用有待优化。底栖敏感种达标情况差，清洁生产力度进一步加大	—	调控优化土地利用，挖掘存量建设用地，控制新建建设用地，加大投入力度；加强湿地保护；切实加强水生动物类保护力度，维护物种生息繁衍场所和生存条件	

（续表）

地级市	县级市	生态功能分区	存在问题	预警级别	重点管控方向（功能分区）	重点管控方向（行政区划）
		IV-03	化肥施用量较高，建设用地面积稍高，水生态健康指数有变差趋势，底栖敏感种达标情况较差	—	提高化肥施用效率，推进有机肥资源利用；推进水生植物群落重建及生物多样性恢复，调控鱼类群落，提高生态健康指数	新北区整体生态环境质量稳中向好，但区域存在湿地林地占比低的共性问题，亟需加大造林工程投入力度，落实相关工程项目，进一步优化土地利用情况。重点针对III-08区域，应进一步核查排污企业，促进企业减排增效
新北区		III-03	清洁生产力度仍需加大，湿地林地占比过低，障碍度为高；底栖敏感种达标情况较低	—	亟需加大造林工程投入力度，加强湿地保护；加大清洁生产审核评估；切实加强水生动物类保护力度，维护物种生息繁衍和生存条件	
		III-08	化肥施用量需进一步管控，总磷、氨氮排放状况逐年变差，建设用地面积占比较高，湿地林地占比不足、目标达成效率较低	压力预警级别为中警	健全工业污染物排放总量控制制度，加大减排力度，推进节能减排技术，系统推进水污染防治，重点关注总磷、氨氮指标；进一步加大造林工程投入力度，加强湿地保护、提高相关资金投入	
		IV-02	建设用地占比过大，湿地林地占比不足，土地利用有待优化。底栖敏感种达标情况差，清洁生产力度进一步加大	—	调整优化土地利用，挖掘存量建设用地，控制建设用地总量；加大造林工程投入力度，加强湿地保护；切实加强水生动物类保护，维护物种生息繁衍场所和生存条件	
天宁区		IV-02	建设用地占比过大，湿地林地占比不足，土地利用有待优化。底栖敏感种达标情况差，清洁生产力度进一步加大	—	调整优化土地利用，挖掘存量建设用地，控制建设用地总量；加大造林工程投入力度，加强湿地保护；切实加强水生动物类保护力度，维护物种生息繁衍场所和生存条件	天宁区环境质量较优，其中包含两个功能分区均未有明显预警。在环境保护方面继续落实《常州市天宁区生态文明建设示范区创建实施方案（2020—

（续表）

地级市	县级市	生态功能分区	存在问题	预警级别	重点管控方向（功能分区）	重点管控方向（行政区划）
		IV-03	化肥施用量较高，建设用地面积稍高，水生态健康指数稍差，底栖敏感种达标情况差	一	提高化肥施用效率，推进有机肥资源利用；推进水生植物群落重建及生物多样性恢复，调控鱼类群落，提高生态健康指数	2023年），调控优化土地利用，挖掘存量建设用地，控制建设用地总量；切实加强水生动物类保护力度，维护物种生息繁衍所需生存条件
	钟楼区	IV-02	建设用地占比过大，湿地林地占比不足，土地利用达标情况优化，底栖敏感种达标情况差，清洁生产力度进一步加大	一	调控优化土地利用，挖掘存量建设用地，控制建设用地总量；加大造林工程投入力度；切实加强水生动物类保护力度，维护物种生息繁衍所需生存条件	钟楼区未细分功能分区，仅包含一个功能分区，在土地利用空间一步落实土地利用空间，需进一步有效用地优化。《常州市钟楼区低效用地再开发专项规划（2021—2025年），调控优化土地利用，挖掘存量建设用地，控制建设用地总量；加强湿地保护，从而维护物种生息繁衍所需生存条件，并持续推动节能行动
		I-02	湿地林地占比仍有提升空间，底栖敏感种达标不足	一	加大造林工程投入力度，加强湿地保护；切实加强水生动物类保护力度，维护物种生息繁衍所需生存条件	溧阳市所包含三个功能分区，分区环境表现良好。目前溧阳市工业围城、生态廊道局部不畅等问题，需进一步加大生态绿城建设投入，加强人力，加造林工程投入I-02、III-05、III-06 促进湿地生态健康提升，维护物种生息繁衍所需和生存条件
	溧阳区	III-05	湿地林地面积占比仍有提升空间，障碍度为高，底栖敏感种达标情况差	一	加大造林工程投入力度；切实加强水生动物类保护力度，维护物种生息繁衍所需生存条件	
		III-06	管理绩效稳定提升，底栖敏感种达标情况有所反复，高新技术及清洁生产有待加强	一	切实加强水生动物类保护力度，维护物种生息繁衍所需生存条件；加强高新种业培育，鼓励高新技术企业攻关；加大清洁生产力度，鼓励企业开展清洁生产审核评估	

（续表）

地级市	县级市	生态功能分区	存在问题	预警级别	重点管控方向（功能分区）	重点管控方向（行政区划）
镇江	丹徒区	Ⅱ-01	化肥施用量需进一步管控，底栖敏感种达标情况仍有提升，湿地林地占比仍有提升，障碍度最高	响应预警级别为中警	加大造林工程投入力度，加强湿地保护；提高化肥施用效率，推进有机肥资源利用；切实加强水生动物种息繁衍场所和生存条件	丹徒区应重点关注Ⅱ-01分区部分，精准识别区域问题，加强管理，推进丹徒区江心洲建设，推进湿地保护
		Ⅳ-01	用水量有待进一步控制，底栖敏感种达标情况差	—	严格用水目标任务，推进水资源集约使用；切实加强水生动物类保护力度，维护种息繁衍场所和生存条件	小区建设，切实加强水生动物类保护力度，维护种息繁衍场所和生存条件
	句容市	Ⅱ-01	化肥施用量需进一步管控，底栖敏感种达标情况差，湿地林地占比仍有提升，障碍度最高，清洁生产力较弱	响应预警级别为中警	加大造林工程投入力度，加强湿地保护；提高化肥施用效率，推进有机肥资源利用；切实加强水生动物类保护力度，维护水生动物种息繁衍场所和生存条件	句容市与金坛区、丹徒区等地共同管辖Ⅱ-01分区，在整治本区域化肥施用量等方面，仍需加强协作治理，进一步提升湿地林地占比
	丹阳市	Ⅲ-01	重点优Ⅲ断面水质仍有提升空间，障碍度为高，清洁生产力较弱	响应预警级别为中警	推进截污工程，底泥清淤；加大清洁生产力度，开展清洁生产审核评估	丹阳市涉及三个功能分区，各区存在问题有所差异，依据各功能分区特点进行管理，其中以Ⅲ-01为重点关注区域，推进截污工程，底泥清淤，进一步提升断面水质，并以电镀等专项执法重点工作，开展专项执法重点工作，提升清洁生产力度
		Ⅲ-02	土地利用仍待优化，建设用地面积稍高，湿地林地面积待进一步提升；底栖敏感种达标情况较差	—	挖掘存量建设用地，控制建设用地总量；加大造林工程投入力度，优化土地利用；切实加强水生动物类保护力度，维护水生动物种息繁衍场所和生存条件	
		Ⅲ-03	清洁生产力度仍需加大，湿地林地占比过低，障碍度为高；底栖敏感种达标情况较低	—	亟需加大造林工程投入力度，加强湿地保护；加大清洁生产力度，开展清洁生产审核评估；切实加强水生动物种息繁衍场所和生存条件，维护水生动物种息繁衍场所和生存条件	

（续表）

地级市	县级市	生态功能分区	存在问题	预警级别	重点管控方向（功能分区）	重点管控方向（行政区划）
镇江	京口区	IV-01	用水量有待进一步控制，底栖敏感种达标情况差	—	严格用水目标任务，推进水资源集约使用；切实加强水生动物栖息场所和生存条件	京口区、润州区、镇江新区作为镇江市区的组成部分，共同构成了IV-01分区。该区用水量仍落后于全省内平均水平，应严格落实水目标任务使用，并且进一步关注水生态健康，推进生态恢复工程
	润州区	IV-01	用水量有待进一步控制，底栖敏感种达标情况差	—	严格用水目标任务，推进水资源集约使用；切实加强水生动物栖息场所和生存条件	
	镇江新区	IV-01	用水量有待进一步控制，底栖敏感种达标情况差	—	严格用水目标任务，推进水资源集约使用；切实加强水生动物栖息场所和生存条件	
南京	高淳区	III-05	湿地林地面积占比仍有提升空间，障碍度为为高，底栖敏感种达标情况差	—	亟需加大造林工程投入力度，加强湿地保护；切实加强水生动物栖息场所和生存条件；维护种群生息繁衍	高淳区生态环境良好，但土地利用情况需进一步优化。湿地保护资源不足，需结合防护林建设工程，生态廊道增建设工程等不断增大绿化总量，进一步推进湿地修复工程
无锡	宜兴市	I-03	湿地林地占比仍有提升空间，水生态健康指数不足，化肥施用量仍需进一步管控	—	加大造林工程投入力度，加强湿地保护；切实加强水生动物栖息场所和生存条件；推进水生植物群落重建及生物多样性恢复，提高生态鱼类健康指数	宜兴市共涉及9个水生态环境功能分区，生态状况较为复杂，其中各功能分区存在共性问题，整体上应加大造林工程投入力度，加强湿地保护，重点应关注III-20湖区的
		II-02	湿地林地占比仍有提升空间，底栖敏感种达标情况差	—	加大造林工程投入力度，加强湿地保护；切实加强水生动物栖息场所和生存条件	

（续表）

地级市	县级市	生态功能分区	存在问题	预警级别	重点管控方向（功能分区）	重点管控方向（行政区划）
		II-03	建设用地面积占比、化肥施用量等指标不足；湿地敏感中达标状态较差；湿林地占比距目标仍有一定距离、障碍最高	响应预警级别为中警	加大造林工程投入力度、加强湿地保护；切实加强水生动物类繁衍场所和生息繁衍，维护物种生息繁衍场所和生存条件	生态健康状况，该湖区有明显水质恶化的趋势，应进一步推进协作治理；针对II-03、III-07、III-10、III-11功能分区推进清洁生产力度
		II-07*	整体表现良好；湿地面积、优III断面比例及底栖敏感种检出情况三个指标情况为中；其中断面情况目标达成效率较低	—	推进截污工程、底泥清淤，进一步提升断面水质	
		II-09*	湿地林地占比及水生态健康指数目标达成效率较低	—	推进水生植物群落重建及生物多样性恢复、调控鱼类群落，提高生态健康指数；加大造林工程投入力度，加强湿地保护	
		III-07	底栖敏感种达标情况差，化肥使用强度有待进一步管控	响应预警级别为中警	切实加强水生动物类保护力度、维护物种生息繁衍场所和生存条件；提高化肥施用效率、推进有机肥资源利用	
		III-10	化肥施用量需进一步管控，底栖敏感种达标状态。水质断面状态2018年有下降趋势；清洁生产审核重点企业比例过低	响应预警级别为中警	推进截污工程、底泥清淤，维持断面水质稳定健康发展；加大清洁生产力度，鼓励企业开展清洁生产审核评估	
		III-11	化肥施用量需进一步管控，湿地林地面积仍有提升空间，底栖敏感种达标状况差	响应预警级别为中警	加大造林工程投入力度、加强湿地保护；切实加强水生动物类繁衍场所和生存条件；维护物种生息繁衍场所和生存条件	

（续表）

地级市	县级市	生态功能分区	存在问题	预警级别	重点管控方向（功能分区）	重点管控方向（行政区划）
		III-20*	水质有进一步恶化的趋势,水生态健康指数下降,重点监控断面优III比例三年均为0	综合绩效预警级别为中高警;管理绩效得分变差,状态预警级别为中警	推进截污工程、底泥清淤,进一步提升断面水质;推进水生植物群落重建及生物多样性恢复;调控鱼类群落,提高生态健康指数	滨湖区包含三个功能分区,需推进水生植物群落重建及生物多样性恢复,调控鱼类群落,提高生态健康指数;加大造林工程投入力度,提高施用效率,提高有机肥资源利用,推进III-12、III-20水质恶化趋势,应采取措施推进截污工程、底泥清淤,提升水生态健康
滨湖区		II-08	底栖敏感种达标率较低,湿地林地占比及水生态健康需进一步提高目标达成的效率	—	切实加强水生动物类保护力度,维护物种生息繁衍所和生存条件;推进水生植物群落重建及生物多样性恢复,调控鱼类群落,提高生态健康指数;加大造林工程投入力度,加强湿地保护	
		II-09	湿地林地占比及水生态健康指数目标达成效率较低	—	推进水生植物群落重建及生物多样性恢复,调控鱼类群落,提高生态健康指数;加大造林工程投入力度,加强湿地保护	
		III-12	化肥施用量需进一步管控,底栖敏感种达标情况差,重点监控断面水质优III类比例仍有提高空间,障碍度为高;清洁生产企业比例仍不够	—	推进截污工程、底泥清淤,进一步控断面水质;加大清洁生产力度,鼓励企业开展清洁生产审核评估	
		III-13	化肥施用量过高,建设用地面积占比大,底栖敏感种达标状况差,清洁生产企业比例仍稍高	—	提高化肥施用效率,推进有机肥资源利用;挖掘存量建设用地,控制建设用地总量;切实加强水生动物类保护力度,维护物种生息繁衍所和生存条件	

（续表）

地级市	县级市	生态功能分区	存在问题	预警级别	重点管整方向（功能分区）	重点管整方向（行政区划）
		Ⅲ-20*	水质有进一步恶化的趋势，水生态健康指数下降，重点监控断面优Ⅲ比例三年均为0	综合绩效预警级别为中高警，管理绩效预警得分变差，状态预警级别为中警	推进截污工程，底泥清淤，进一步提升断面水质；推进水生植物群落重建及生物多样性恢复，调控鱼类群落，提高生态健康指数	
		Ⅲ-08	化肥施用量需进一步管控，总磷、氨氮排放状况逐年变差，建设用地面积占比较高，湿地林地占比不足；目标达成效率较低	压力预警级别为中警	健全工业污染物排放总量控制制度，加大减排力度，推进节能减排技术，系统推进水污染防治，重点关注总磷、氨氮指标；进一步加大造林工程投入，加强湿地保护，提高相关资金投入	江阴市应重点关注Ⅳ-05、Ⅳ-07两个中高警功能分区状况，推进分区截污工程，底泥清淤，进一步提升断面水质。此外，该区域仍需不断提高化肥施用效率，推进有机肥资源利用
	江阴市	Ⅳ-03	化肥施用量较高，建设用地面积稍高，水生态健康指数有变差趋势，底栖敏感种和达标情况差	—	提高化肥施用效率，推进有机肥资源利用；推进水生植物群落重建及提高生物多样性恢复，调控鱼类群落，提高生态健康指数	
		Ⅳ-04	建设用地比例较高，水生态健康指数有所下降，清洁生产力度不足	响应预警级别为中警	推进水生植物群落恢复，调控鱼类群落；加大对水生态健康指数；加大清洁生产力度，鼓励企业开展清洁生产审核评估	
		Ⅳ-05	化肥施用量有待进一步管控空间，重点监控断面水质优Ⅲ比例极差；水生态健康指数一般，障碍度高；清洁生产力度不足	综合绩效预警级别为中警，响应预警级别为中警，状态预警级别为中警	推进截污工程，底泥清淤，进一步提升断面水质；推进水生植物群落重建及生物多样性恢复，调控鱼类群落，提高生态健康指数	

（续表）

地级市	县级市	生态功能分区	存在问题	预警级别	重点管控方向（功能分区）	重点管控方向（行政区划）
		IV-07	COD排放量管控仍不足，建设用地面积占比较高，重点监控断面三年优于III断面比例均为0，障碍度为高；清洁生产企业比例不足	综合绩效级别均为+警；响应预警级别均为+警；状态预警级别均为+警	健全工业COD排放总量控制制度，加大减排力度，系统推进水污染防治，进一步提升截污工程，底泥清淤，进一步提升断面水质	惠山区化肥施用量仍偏高，应进一步提高化肥施用效率，推进有机肥资源利用，并加大清洁生产力度，鼓励企业开展清洁生产审核评估，重点关注III-12的断面状况
		III-12	化肥施用量需进一步提升，底栖敏感种达标情况差，重点监控断面水质优于III类比例仍有提升空间，障碍度为高；清洁生产企业比例仍不够	—	推进截污工程，底泥清淤，进一步提升断面水质；加大清洁生产力度，鼓励企业开展清洁生产审核评估	
	惠山区	IV-03	化肥施用量较高，建设用地面积较高，水生态健康指数达标状况差趋势，底栖敏感种变差	—	提高化肥施用效率，推进有机肥资源利用；推进水生植物群落重建及生物多样性恢复，调控鱼类群落，提高生态健康指数	
		IV-06	单位面积排污情况较差，化肥施用量需加强管控，建设用地面积不足，底栖敏感种保护；清洁生产力度较为不足	响应预警级别均为+警；压力预警级别均为+警	健全工业污染物排放总量控制制度，加大减排力度，系统推进水污染防治，提高化肥施用效率，推进有机肥资源利用；切实加强水生动物类保护力度，维护物种生息繁衍场所和生存条件	
	新吴区	III-13	化肥施用量过高，底栖敏感种占比大，底栖敏感种达标状况差，清洁生产企业比例仍稍高	—	提高化肥施用效率，推进有机肥资源利用，控制建设用地总量；切实加强水生动物类保护力度，维护物种生息繁衍场所和生存条件	新吴区整体上应提高化肥施用效率，推进有机肥资源利用；切实加强水生动物类保护力度，维护物种生息繁衍场所和生存条件

（续表）

地级市	县级市	生态功能分区	存在问题	预警级别	重点管控方向（功能分区）	重点管控方向（行政区划）
		Ⅲ-14	化肥施用量略高,土地利用有待优化,建设用地面积略高,湿地林地占比仍需提高,底栖敏感种达标情况差。清洁生产力度待进一步强化升	一	调整优化土地利用情况,加大造林工程投入力度,加强湿地保护,挖掘存量建设用地,控制建设用地总量;切实加强水生动物类保护力度,维护物种生息繁衍场所和生存条件	
		Ⅳ-06	单位面积排污情况较差,化肥施用量需加强管控,建设用地面积不足,底栖敏感种达标仍需保护,清洁生产力度较为不足	响应预警级别为Ⅱ轻警;压力预警级别为Ⅱ轻警	健全工业污染物排放总量控制制度,加大减排力度,系统推进水污染防治;提高化肥施用效率,推进有机肥资源利用;切实加强水生动物类保护力度,维护物种生息繁衍场所和生存条件	
	锡山区	Ⅲ-14	化肥施用量略高,土地利用有待优化,建设用地面积略高,湿地林地占比仍需提高,底栖敏感种达标情况差。清洁生产力度待进一步强化升	一	调整优化土地利用情况,加大造林工程投入力度,加强湿地保护,挖掘存量建设用地,控制建设用地总量;切实加强水生动物类保护力度,维护物种生息繁衍场所和生存条件	锡山区应切实加强水生动物类保护力度,维护物种生息繁衍场所和生存条件;重视Ⅳ-06的污染物排放情况,持续全力推进"小散乱污"企业全力专项整治
		Ⅲ-19	化肥施用量压力较大,重点监控断面优Ⅲ比例仍较低,底栖敏感种情况差	一	提高化肥施用效率,推进底泥清淤,进一步提升截污工程;推进面污水质;切断面源污染力度;切实加强水生动物类保护,维护物种生息繁衍场所和生存条件	
		Ⅳ-06	单位面积排污情况较差,化肥施用量需加强管控,建设用地面积不足,底栖敏感种达标仍需保护,清洁生产力度较为不足	响应预警级别为Ⅱ轻警;压力预警级别为Ⅱ轻警	健全工业污染物排放总量控制制度,加大减排力度,系统推进水污染防治;提高化肥施用效率,推进有机肥资源利用;切实加强水生动物类保护力度,维护物种生息繁衍场所和生存条件	

（续表）

地级市	县级市	生态功能分区	存在问题	预警级别	重点管控方向（功能分区）	重点管控方向（行政区划）
	梁溪区	IV-06	单位面积排污情况较差，化肥施用量需加强管控，建设用地面积不足，底栖敏感种仍需保护，清洁生产力度较为不足	响应预警级别为中警；压力预警级别为中警	健全工业污染物排放总量控制制度，加大减排力度，系统推进水污染防治，提高化肥施用效率，推进有机肥资源利用；切实加强水生动物类保护力度，维护物种栖息繁衍所和生存条件	梁溪区应进一步健全工业污染物排放总量控制制度，加大减排力度，系统推进水污染防治；提高化肥施用效率，推进有机肥资源利用；切实加强水生动物类保护力度，维护物种栖息繁衍所和生存条件
苏州	相城区	I-04	化肥施用量距一级标准仍有差距，单位面积污染物排放情况差；底栖敏感种达标不足；水生态健康指数逐年下降；重点监控断面优于III类比例仍有待提高，障碍度最高	综合绩效级别预警为中警	健全工业污染物排放总量控制制度，加大减排力度，系统推进水污染防治，推进水生植物群落重建及生物多样性恢复，调控鱼类群落，底泥清淤工程，提高生态健康，进一步提升	相城区涉及5个功能分区，存在问题有所差异，依据各功能分区特点有所侧重地进行管理。化肥施用量仍水平居高，应进一步推进有机肥料使用；针对水质恶化趋势，应督促企业严格落实各项生态环境保护措施，杜绝"散乱污"企业（作坊）反弹回潮，其中应重点重视I-04、II-06分区的管控力度
		II-06	化肥施用量需进一步管控，建设用地面积占比过大，用地较小，不合理，湿地林地面积达不合理；底栖敏感种为高；底栖敏感度最高	综合绩效级别为中警	加大造林工程投入力度；切实加强水生动物类保护，加强湿地保护力度，维护物种栖息繁衍所和生存条件；挖掘存量建设用地，控制新增建设用地，优化土地利用	
		II-08*	底栖敏感种达标较低，湿地林地占比及水生态健康指数的效率进一步提高目标达成的效率	—	切实加强水生动物类保护及生存条件，维护物种植物群落重建及生物多样性；提高生态健康指数，调整鱼类群落，提高生态健康指数；加大造林工程投入力度，加强湿地保护	

（续表）

地级市	县级市	生态功能分区	存在问题	预警级别	重点管控方向（功能分区）	重点管控方向（行政区划）
		Ⅲ-19	化肥施用量压力较大，重点监控断面优Ⅲ比例仍较低，底栖敏感种达标情况较差	—	提高化肥施用效率，推进有机肥资源利用；推进面截污工程，底泥清淤，进一步提升断面水质；切实加强水生动物类繁衍所和生存条件；维护物种息繁衍所和生存条件	
		Ⅳ-14	建筑用地面积不断扩张，氨氮、总磷排放压力仍存在，清洁生产力度不足	—	健全工业污染物排放总量控制制度；加大减排力度，系统推进水污染防治；加大清洁生产力度，鼓励企业开展清洁生产审核评估	
高新区		Ⅰ-05*	底栖敏感种达标情况差，水生态健康指数有下降趋势；湿地林地面积占比距离设定目标仍有距离	—	加大造林工程投入力度；切实加强水生动物类衍生息保护；物种息繁衍所和生存条件重建及生物多样性恢复，调控植物群落重建；维持生态健康指数不下降	高新区涉及5个功能分区，各分区存在问题有所差异，依据各功能分区特点有所侧重地进行管理。其中应重视Ⅱ-06分区的管控力度，加大造林工程投入力度；加强湿地保护；切实加强水生动物类保护力度，维护衍生场所和生存条件；挖掘建设用地存量建设用地，优化土地利用
		Ⅱ-06	化肥施用量需进一步管控，建设用地面积占比过大，用地较不合理，湿地林地面积较小；底栖敏感指标障碍为高；底栖敏感种达标情况较差	综合绩效级别为中警	加大造林工程投入力度；切实加强水生动物息繁衍所和生存条件；维护种息繁衍所建设用地，控制建设用地总量，优化土地利用	
		Ⅱ-08	底栖敏感种达标比较低，湿地林地占比及水生态健康需进一步提高目标达成的效率	—	切实加强水生动物类保护力度；维护物种息繁衍所和生存条件；推进水生植物群落重建，提高鱼类健康指数；加大造林工程投入力度；加强湿地保护	

（续表）

地级市	县级市	生态功能分区	存在问题	预警级别	重点管控方向（功能分区）	重点管控方向（行政区划）
		II-09	湿地林地占比及水生态健康指数目标达成效率较低	—	推进水生植物群落重建及生物多样性恢复，调控鱼类群落，提高生态健康指数；加大造林工程投入力度，加强湿地保护	
		IV-14	建筑用地面积不断扩张，氨氮、总磷排放压力仍存在，清洁生产力度不足	—	健全工业污染物排放总量控制制度，加大减排力度，系统推进水污染防治；加大清洁生产力度，鼓励企业开展清洁生产审核评估	
	吴中区	I-05*	底栖敏感种达标情况差，水生态健康指数有下降趋势；湿地林地面积占比距离设定目标仍有距离		加大造林工程投入力度，加强湿地保护；切实加强水生动物类保护力度，维护物种息繁衍场所和生存条件；推进水生植物群落重建及生物多样性恢复，维持生态健康指数不下降	吴中区涉及8个功能分区，情况较为复杂，各功能分区存在问题有所差异，应依据各功能分区特点有所侧重地进行管理。其中应重视II-05、III-20分区的管控力度
		II-05	化肥施用量需进一步管控；重点监控断面水质较差，连续3年优III断面比例均为0，未来目标的达成情况较差；底栖敏感种达标情况较差，清洁生产力度不足	综合绩效预警级别为中警；响应预警级别为中警；状态预警级别为中警	推进截污工程，底泥清淤，提升断面水质；切实加强水生动物类保护力度，维护物种息繁衍场所和生存条件；加大造林工程投入力度，加强湿地保护	
		II-09*	湿地林地占比及水生态健康指数目标达成效率较低		推进水生植物群落重建及生物多样性恢复，调控鱼类群落，提高生态健康指数；加大造林工程投入力度，加强湿地保护	

（续表）

地级市	县级市	生态功能分区	存在问题	预警级别	重点管控方向（功能分区）	重点管控方向（行政区划）
		II-10*	底栖敏感种达标较低，湿地林地占比及水生态健康成效率较低	一	切实加强水生动物类保护力度，维护物种生息繁衍场所和生存条件；推进水生植物群落重建及生物多样性恢复，调控鱼类健康指数，提高生态健康投入力度；加大造林工程投入力度，加强湿地保护	
		III-17	化肥施用量需进一步控制，底栖敏感种达标情况差，清洁生产力度仍需进一步推进	一	提高化肥施用效率，推进有机肥资源利用；切实加强水生动物类保护力度，维护物种生息繁衍场所和生存条件；加大清洁生产力度，鼓励企业开展清洁生产审核评估	
		III-18	化肥施用量略高，建设面积逐年扩张，底栖敏感种达标力度较为反复，清洁生产力度仍需加大	一	挖掘存量建设用地，控制建设用地总量；切实加强水生动物类保护力度，加大清洁生产力度，鼓励企业开展清洁生产审核评估；维护物种生息繁衍场所和生存条件	
		III-20*	水质有进一步恶化的趋势，重点监控断面优III比例三年均为0	综合绩效预警级别为中高警；管理绩效级别分安全；状态预警级别对中警	推进截污工程，底泥清淤，进一步提升断面水质；推进水生植物群落重建及生物多样性恢复，调控鱼类健康指数	
		IV-14	建筑用地面积不断扩张，氨氮、总磷排放压力仍存在，清洁生产力度不足	一	健全工业污染物排放总量控制制度，加大减排力度，系统推进水污染防治；加大清洁生产力度，鼓励企业开展清洁生产审核评估	

（续表）

地级市	县级市	生态功能分区	存在问题	预警级别	重点管控方向（功能分区）	重点管控方向（行政区划）
	吴江区	I - 05*	底栖敏感种达标情况差；水生态健康指数有下降趋势；湿地、林地面积占比距离设定目标仍有距离	—	加大造林工程投入力度，加强湿地保护；切实加强水生动物类保护力度，维护物种生息繁衍场所和生存条件；推进水生植物群落及生物多样性恢复，调控鱼类指数健康指数不下降	吴江区涉及 6 个功能分区，存在问题各有所差异，依据各功能分区特点所侧重地进行管理
		II - 04	单位面积污染排放情况差；底栖敏感种达标情况差；湿地林地占比仍需进一步提升；清洁生产企业个数有所波动	—	健全工业污染物排放总量控制制度，加大减排力度，系统推进水污染防治；切实加强水生动物类保护力度，维护物种生息繁衍场所和生存条件；加大造林工程投入力度，加强湿地保护	
		III - 17	化肥施用量需进一步控制，底栖敏感种达标情况差；清洁生产力度仍需进一步推进	—	提高化肥施用效率，推进有机肥资源利用；切实加强水生动物类保护力度，维护物种生息繁衍场所和生存条件；加大清洁生产力度，鼓励企业开展清洁生产审核评估	
		III - 18	化肥施用量略高，建设用地逐年扩张；底栖敏感种达标情况较为反复；清洁生产力度仍需进一步加大	—	挖掘存量建设用地，控制建设用地总量；切实加强水生动物类保护力度，加大清洁生产力度，鼓励企业开展清洁生产审核评估；维护物种生息繁衍场所和生存条件	
		IV - 13	污染物排放压力较大；建设用地面积不断扩张；重点监控断面水质较差，三年优III比例均不达标；障碍度为高；底栖敏感种不足达标；清洁生产力度不够	综合绩效级别别对性警；压力预警级别别对性警；状态预警级别别对性警	健全工业污染物排放总量控制制度，加大减排力度，系统推进水污染防治；推进截污工程，底泥清淤，进一步提升水断面水质；切实加强水生动物类保护力度，维护物种生息繁衍场所和生存条件	

（续表）

地级市	县级市	生态功能分区	存在问题	预警级别	重点管控方向（功能分区）	重点管控方向（行政区划）
	常熟市	IV-14	建筑用地面积不断扩张，氮、总磷排放压力仍存在，清洁生产力度不足	—	健全工业污染物排放总量控制制度，加大减排力度，系统推进水污染防治，鼓励企业开展清洁生产审核评估	该区域涉及3个功能分区，区存在问题有所差异，依据各功能分区特点有所侧重地进行管理
		III-15	用水量有待进一步控制，单位污染物排放量控制效果甚微，建筑用地面积扩张趋势严重，水环境质量一般	压力预警级别为中高警	吸需健全工业污染物排放总量控制制度；加大减排力度，系统推进水污染防治；严格用水目标任务，推进水资源节约使用，挖掘存量建设用地，控制建设用地总量	
		III-16	化肥施用量过高，总磷排放量过高，压力有变大趋势，底栖敏感状况差	压力预警级别为中警	健全工业污染物排放总量控制制度，加大总磷减排力度，系统推进水污染防治；切实加强水生动物类场所和生存条件，维护生物繁衍场所和生息繁衍	
		IV-10	单位GDP用水量稍高，化肥施用量控制不足	—	提高化肥施用效率，推进有机肥资源利用；严格用水目标任务，推进水资源节约使用	
	张家港市	IV-08	建设用地总量仍待进一步控制，湿地林地面积不足，底栖敏感情况差，单位GDP能耗过高	—	挖掘存量建设用地，控制建设用地；切实加强水生态动物类保护力度，维护种生息繁衍场所和生存条件；进一步推进产业结构改革，推进清洁能源转型，紧盯高耗能重点领域，进一步压减煤炭消费	该区域涉及5个功能分区，区存在问题有所差异，依据各功能分区特点有所侧重地进行管理

（续表）

地级市	县级市	生态功能分区	存在问题	预警级别	重点管控方向（功能分区）	重点管控方向（行政区划）
	太仓市	IV-09	湿地林地仍有待进一步保护，底栖敏感种未检出，单位GDP能耗过高	—	加大造林工程投入力度，加强湿地保护；切实加强水生动物栖息繁衍场所和生存条件，维护物种栖息繁衍场所和生存条件；进一步推进产业结构改革，推进清洁能源转型，紧盯高耗能重点领域，进一步压减煤炭消费	该区域涉及5个功能分区，存在问题有所差异，依据各功能分区特点有所侧重地进行管理
		IV-11	氨氮、总磷排放量仍有压力较大，底栖敏感种未检出，高新技术产业仍需进一步发展	—	健全工业污染物排放总量控制制度，加大减排力度，系统推进水污染防治，重视总磷、总氨的排放情况；切实加强水生动物栖息繁衍场所和生存条件，维护物种栖息繁衍场所和生存条件；加强高新技术企业培育，鼓励高新技术企业开展核心技术攻关	
		IV-12	建设用地压力较大，底栖敏感种未检出，清洁生产情况及高新产业需进一步加强	—	挖掘存量建设用地，控制建设用地总量；加大清洁生产评估；加强高新技术企业培育，鼓励高新技术企业开展核心技术攻关	
	昆山市	III-17	化肥施用量需进一步控制，底栖敏感种达标情况差，清洁生产力度仍需进一步推进	—	提高化肥施用效率，推进有机肥资源利用；切实加强水生动物栖息繁衍场所和生存条件，维护物种栖息繁衍场所和生存条件；加大清洁生产力度，鼓励企业开展清洁生产审核评估	

（续表）

地级市	县级市	生态功能分区	存在问题	预警级别	重点管控方向（功能分区）	重点管控方向（行政区划）
		IV-12	建设用地压力较大，底栖敏感种类检出，清洁生产力度及高新产业需进一步加强	—	挖掘存量建设用地，控制建设用地总量；加大清洁生产力度，清洁生产审核评估；鼓励高新技术企业开展核心技术攻关	
	姑苏区	IV-14	建筑用地面积不断扩张，氨氮、总磷排放压力仍存在，清洁生产力度不足	—	健全工业污染物排放总量控制制度；加大减排力度，系统推进水污染防治；加大清洁生产力度，鼓励企业开展清洁生产审核评估	健全工业污染物排放总量控制制度；加大减排力度，系统推进水污染防治；加大清洁生产力度，鼓励企业开展清洁生产审核评估
	苏州工业园区	IV-14	建筑用地面积不断扩张，氨氮、总磷排放压力仍存在，清洁生产力度不足	—	健全工业污染物排放总量控制制度；加大减排力度，系统推进水污染防治；加大清洁生产力度，鼓励企业开展清洁生产审核评估	健全工业污染物排放总量控制制度；加大减排力度，系统推进水污染防治；加大清洁生产力度，鼓励企业开展清洁生产审核评估

注：表格中带*号表示此功能分区为湖区

异性明显。面向《区划》提出的分级分类分区管控目标,综合考虑分区管理绩效障碍因子和目标可达性,模拟评估区域目标达成效率,进一步明确分区导向。本研究对以上结论进行进一步系统性整合,以 49 个功能分区为对象,逐一明确各功能分区主要问题,并提供重点管控方向建议。针对目前行政区域为主要责任单元的现状,本研究结合水生态功能分区管理以及传统的行政区域管理,以功能分区管控为方向总结相关地市的管控重点,具体见表 6 - 1。

6.2　水生态功能分区管理程序

6.2.1　水生态功能分区一般管理程序

当太湖流域水生态功能分区无跨界情况存在,仅涉及单一行政区域时,相关管理部门启动一般管理程序。在管理过程中,首先需要对本研究开发的软件平台上的数据进行填报,查看分析结果,针对软件平台分析得到行政区域涉及水生态功能分区的综合绩效指数、绩效预警和未来目标达成效率模拟的三块评估结果,以评估结果为依据,对太湖流域水质水生态现状进行全局把控。管理程序如下:

(1) 水生态功能分区综合绩效管理结果位于排名后 10 位时,这表明该功能分区的水质状态处于较差的水平,需要加强分区管理,相关水生态功能分区的管理部门应当采取治理措施,对出现问题的指标进行生态修复。

(2) 预警管理结果处于中高警或高警的功能分区,水质状况很有可能要达到或超过临界阈值,相关管理部门应尽快排除导致水质状况超标的因素,精准治理。

(3) 水生态功能分区目标达成效率为低效的区域有可能在预期的年份水质无法达标,因此应加大治理力度,投入更多的技术与资金,使该分区的目标达成效率转为高效。

　　管理部门对上述三种情况中水质有可能出现恶化的水生态功能分区要提前采取应对措施,以保证在预期年份水质状况能够达标。各管理部门应关注软件平台的评估结果,为本区域太湖流域污染管控采取措施,投入治理成本与相关技术,以达到预期治理效果。省级管理部门根据每年评估结果对各行政区划相关管理部门进行表彰奖惩。

6.2.2　水生态功能分区跨区域管理程序

　　对于跨区域的水生态功能分区,生态功能区的整体管理由一个个"破碎"的区域拼接而成,导致区域管理难以高效进行。因此,实现太湖流域空间管控的第一步是流域内地市级政府必须牢固树立"一盘棋"思想。从片区整体利益出发,清理各种地方保护主义政策、规划,以减少各地方政府在流域生态治理政策、规划方面的差异,制定太湖流域生态环境管理条例、办法,对流域生态进行统一管控。

　　其次,成立太湖流域空间管控综合协调机构,对太湖流域水生态功能分区进行统筹安排,解决 49 个水生态环境功能分区内跨区域水质问题协调的各项事宜。跨区的水生态环境功能分区内部可构建联席会议制度,由水生态功能分区涉及的县、区级管理部门的领导轮流担任主席,定期开展交流,并进一步明确各方责任和参与人员,形成统筹联动长效机制。各生态功能分区的相关部门可以以功能分区为单位组建水质治理领导小组,其成员可由所涉行政区域的相关部门人员组成。

　　对于跨区的水生态功能分区管理部门在实施一般管理程序的基础上,进行精细化管理,将治理责任分解到功能分区涉及的乡镇进行精准管理。省级管理部门根据每年评估结果对组建的管理协调机构进行表彰奖惩。

6.3　太湖流域分区管理保障措施

6.3.1　促进规划衔接融合，强化分区目标管理

基于水生态环境功能分区的划定，推动实现水质、水生态健康、生态红线、土地利用和目标总量控制等目标分区分级管理，不断加强江苏省太湖流域水生态环境功能区划规划建设管理工作，促进各类规划间衔接融合。明确各级功能分区分级主导目标，不断夯实相关主体责任，逐个细化水生态环境功能区单元主要目标，并明确其优先保护目标。

1. 强化目标主导作用，促进规划衔接融合

按照分类—统筹—协作的路径，深入剖析江苏省太湖流域 49 个水生态环境功能分区的社会发展、资源利用及水质水生态健康未来时空变化，持续规划地区最优发展路径，以四级水生态环境功能分区为对象，实行包括水生态管控、空间管控、物种保护等管理目标的分级、分区、分类、分期的目标管理。将分级管理目标纳入区域环境治理和生态修复专项规划，注重与其他规划的融合，保证流域层面分级管理保护目标与区域规划目标衔接统一。

2. 明确分级主导目标，夯实相关主体责任

明确水生态环境功能分区分级主导目标，生态Ⅰ级区、生态Ⅱ级区重点实施生态保护，进一步加大物种保护力度，保障流域水生态健康。生态Ⅲ级区、Ⅳ级区重点实施生态修复，进而推进资源集约使用，减少污染物排放总量，提高企业清洁生产力度，以流域环境承载力的压力减缓来促进生态修复。在确定分级目标的基础上，夯实相关主体责任，各水生态环境功能分区相关行政单元推动形成以水利、环保为主导部门，联合农业、国土、林业等部门共同对太湖流域水生态环境功能分区实行统一管理，统筹推进太湖流域

保护进程。

3. 细化分解目标任务,强力推动工作落实

依据水生态环境功能区分区异质性特点,以水生态环境功能分区涉及最小行政的单元为对象,以涉及地级市为管理责任主体,明确地级市、区县层面任务部署,落实责任部门,明确标准要求及完成时限。确保水生态环境功能分区整体规划布局合理、结构适宜,保证各单元水生态环境功能分区目标明确、管理明晰,相关地级市开发利用布局、总体控制指标符合整体规划安排,协同推动太湖流域 49 个生态功能区分区管理的有效实施,目标顺利达成,管理绩效改善明显。

4. 明确分区优先目标,推进纳入区域规划

深入剖析水生态环境功能分区管理绩效提高的重要制约因素、区域发展方向。从政策规划、资金投入、实施效果等多个维度分析目标可达性,明确太湖流域水生态环境功能分区管理目标的优先级排序。推进太湖流域综合规划、省市环境保护规划等,将优先环境保护目标设定为约束性指标,严格中期绩效评估及终期管理绩效考核,提高优先保护目标绩效考核权重,考核结果向省级行政部门报告,并向社会予以公布。

6.3.2 严格责任考核机制,压实相关主体责任

基于水生态环境功能分区规划及目标的制定,严格目标考核评估制度机制,明确绩效考核相关任务部署,推进压实相关主体责任,以机制促进太湖流域水生态环境功能分区绩效改善。

1. 严格考核评估制度,强化责任考核机制

严格落实党委领导干部生态损害责任追究制度,太湖流域管理部门会同有关部门做好统筹协调、监督指导,定期考察太湖流域水生态环境功能分区管理绩效目标完成情况,并基于考察结果开展中期评估和终期考核,考核结果向省级行政部门报告,向社会公布,并作为对地方政府、责任部门综合

考核评价的重要依据。

2. 明确分区任务部署,压实相关主体责任

识别各级各类水生态环境功能分区管理绩效目标优先级清单,太湖流域各地级市成立以优先目标相关责任主体为主导、其他部门为辅助的领导小组,跨区域水生态环境功能区以涉及区县联合成立相关协商部门,规划部署分区分级管理绩效目标指标任务,明确落实责任部门,负责分区管理落实及年度考核。各区县严格按照下达任务进行最小乡镇单元层层分解落实,将目标任务情况纳入日常管理考核计分,从上到下施加压力,强力推动目标任务有效实施。

6.3.3　建立分级预警体系,实现提前精准管理

打造生态环境承载力监测预警平台,形成政府、社会协同监督的太湖流域水生态环境功能分区管理绩效评估及预警机制。推进流域基础信息共享平台建设,实现流域数据的更新共享,定期开展太湖流域水生态环境功能分区管理绩效评估工作,动态捕捉、监测太湖流域水生态环境功能分区管理情况,对接近预警绩效的地区提出预警,对超过预警绩效的生态环境功能区提出与关键指标相对应的绩效改进技术建议,结合预测模拟实现对水生态功能分区的提前精准管理。对于超过预警绩效的责任主体进行严正追责。主动公开预警结果,发挥媒体、公益组织和志愿者作用,激励公众检举太湖流域生态环境破坏行为,形成政府、社会协同监督的太湖流域水生态环境功能分区管理绩效评估及预警机制。

6.3.4　推动目标反馈调整,完善动态响应机制

推动形成"自上而下"统筹规划、"自下向上"定期反馈体系,逐步建立水生态环境功能分区分级管理目标动态调整机制,依据区域发展变化不断优化管理保护目标,根据实施问题和不确定因素及时调整目标,做到规划目标

科学合理,切实可行。在目标反馈调整的基础上,以生态环境承载力为约束,持续探究未来发展方向及路径,实现太湖流域水生态功能分区分级管理目标的动态更新,推动太湖流域水生态环境保护事业的长足发展。

6.3.5　跨区域管理机制探究

水生态环境功能分区是基于流域水生态系统空间特征差异而划定的区域,是结合人类活动影响因素而提出的一种分区方法,实现了由原来的水质目标管理向水生态健康管理拓展。初步构建的江苏省太湖流域水生态环境功能分区管理体系将江苏省涉及太湖流域地区划分为四级 49 个生态功能分区,存在一个功能分区跨两个及以上行政单元、一个行政单元包含多个生态功能区的情况,因此探究水生态环境功能分区管理机制十分必要。

1. 强化信息共享与应急联动

充分利用现代地理信息、云计算、物联网、全景式及北斗卫星定位信息等技术,探索"互联网＋流域"功能,以太湖流域为单位建立流域大数据中心,探索全流域数字化水环境保护和管理模式,实时信息自动采集和快速传输,实现流域水生态环境保护、水资源开发利用、水污染防治等方面的信息化。加强跨界流域信息共享建设,不断丰富信息共享路径方式,加强生态功能分区跨界涉及行政区域各层级各部门的会晤交流,扩大官方网络信息公开和信息报送。各级政府要充分利用政府官网、新媒体平台及时公开本区域动态信息,健全政府、企业、公众之间的无障碍信息沟通渠道,将综合绩效评估结果、预警结果以及动态模拟结果定期公布。健全信息共享机制,建立部门联席会议和案件会商长效机制,联合解决单方难以解决的环境热点、难点问题,随时互通联动工作的有关情况,总结联动成果,交流联动经验,分析联动问题,探讨解决办法并形成会议纪要,明确议定事项。

2. 健全考核评价追责制度

将水生态环境功能分区管理绩效评估作为太湖流域统一的区域绩效评

价制度,以生态功能分区为评估主体,统一绩效评价的概念、评价主体、评价框架、评价指标体系、评价方法及评价结果运用等内容,使各地政府在统一标准下,有序组织实施分区管理绩效评价。以水生态功能分区为评估对象,以区县为基本行政单元对其涉及的水生态环境功能分区进行管理,并承担相应绩效改善责任。生态功能分区最小单元为乡镇街道,以精细化管理为突破点,狠抓绩效评估结果较差区域,以乡镇为单元排除流域生态安全隐患。完善奖惩机制,对于中高预警区域设定一定的惩罚制度,对于绩效改善效果良好、未来目标达成效率高的区域进行激励。对于跨行政边界的功能分区,区县级为其负责的区域担责。

3. 统一执法标准,推进流域联合执法

加强组织领导,落实责任分工,完善政策措施,加大工作力度,切实推进本地区水生态环境保护工作。创新多部门多层级联合执法机制,纵向构建市、区、县三级联动的执法机制,横向构建生态环境与公安、城管、司法等多部门的联动执法机制。强化跨区域专项执法,完善执法配套机制,打造专业的联合执法队伍,创新多元执法方式,建立环境保护联合精准执法机制,从而推动行政执法工作的开展,破除行政执法职能交叉的弊端,突破行政执法职能单一的瓶颈。

第七章　太湖流域水生态环境功能分区管理实施路径研究

为响应《江苏省太湖流域水生态环境功能区划（试行）》中对四级分区水生态管控、空间管控和物种保护三大类的分级、分类、分期管理目标规定，本研究以太湖流域水生态环境功能分区为研究对象，基于"十二五"水生态环境功能区质量评价的研究成果及流域管理绩效评估结果，通过系统梳理国内外管理政策、太湖流域管理现状及存在问题，进一步探究基于流域水生态环境功能分区的水质水生态管理实施路径、土地利用空间管控实施路径、物种保护实施路径。

7.1　太湖流域水质水生态实施路径研究

7.1.1　国内外流域水质水生态管理政策

1. 欧洲

欧洲在流域管理合作方面一直是我们学习的榜样。例如在莱茵河流域已成立莱茵河国际委员会（ICPR），该组织致力于保护莱茵河的跨国管理和协调[59,60]，实施莱茵河相关的各种环境保护计划，如制定评估和管理措施，提交环境评估报告，公开通报莱茵河的状况和管理结果，同时该委员会还帮助解决跨界河流流经的不同国家之间沟通不畅的管理问题[61,62]。此外,德国在莱茵河的保护中实施了严格的、健全的污染源排放管控制度。实行保护优先、多方合作、污染者全额付费的污染管理原则,排污费全额覆盖污染物排放造成的环境损害成本,污染者支付的钱必须足以修复造成的环境影响[60]。通过该政策,德国促进了企业生产技术的改进,促使企业减少用水、增加水的循环利用、减少污水排放、减少污染物的产生,促进了落后产能和高污染企业的退出。这一措施使得莱茵河沿岸污染物排放迅速削减,在改善水质方面起着重大作用。除此之外,政府针对莱茵河污染制定了详细计划,进一步改善水生态系统健康状况[63,64]。1987年,ICPR各成员国制定了《莱茵河行动计划》,明确了一系列减少有害物质排放的目标与措施;同时,各成员国和地方政府制定了更严格的排放标准,并为莱茵河的整治提供法律保障,莱茵河水质很快得到恢复。随后,各成员国制定了一系列行动计划,如"洪水行动计划"、"洄游鱼类总体规划"、"莱茵河2020行动计划"和"生境斑块连通计划"等,这些行动的目标指导着污染控制、生态修复的进程,对莱茵河水质改善和生态恢复发挥了至关重要的作用。从治理流域污染、提高航道保证程度、关注防洪效果,到增加过鱼设施、保护鱼类种群、生态环境保护、保护湿地等,莱茵河的流域管理实现了从污染方式到生态恢复的要素全覆盖[60]。经过流域综合管理规划的实施,水体水质逐步改善,水生物种恢复情况良好,部分鱼类已经可以食用。欧盟以科学规划和详细论证为指导,以水生态健康的整体改善为前提,以高等水生生物为生态恢复指标,明确了流域综合管理规划的重要性和必要性。

2. 美国

在美国,联邦制政府更加强化法律手段以及经济手段的运用[65—68],比如环境领域的财政援助及补助金、补贴、环境税款、排污权交易政策;此外,在环境信息公开政策方面近年来也积极重视[69]。水环境管理方面,20世纪50年代前后,美国颁布了一部全面的联邦级水污染控制法、水质法案,开始针对水环境管理尝试形成系统性的管理体系并打下政策基础;70年代,美国确立了排污许可制度;于 20 世纪 70 年代末确立清洁水法案,将排污许可制度优化为基于国家污染物排放削减制度的排污许可[70]。例如,在密西西比河流域,美国联邦政府将该流域作为整体进行统筹协调,并建立了跨州协调机制[71]。为加强联邦部门及密西西比河流域各州间的协调合作,美国环保局牵头成立了包括美国环保局、农业部、商务部、内政部、陆军工程兵团和 12 个州的管理部门的流域营养物质工作组,通过工作组的统筹运行,协调了行政力量,保证了治理工作的全面进行[71]。同时,美国建立了一项排污许可制度,该制度以最佳可行技术的排放标准为基础,有效控制了密西西比河流域的工业、市政等点源污染。密西西比河干流沿岸通过建设污水处理厂并对其实施排污许可制度,有效降低了废水的污染因子浓度,进一步改善了流域水质健康,10 个州的污水处理厂数量占到全美的 29%[60]。此外,针对流域非点源污染,营养物质工作组发布 2001 国家行动计划,从而控制密西西比河、墨西哥湾流域的氮排放。通过制定和实施 TMDL 计划、制定标准、加强非点源和点源污染控制等措施的实施,流域内污染物快速消减[72]。1996 年,美国环保局发布了《流域保护方法框架》,通过跨学科和跨部门的合作,社区之间、流域之间的合作来治理水污染,并通过大量恢复湿地提升水生态系统健康,恢复原有水生态系统。在流域保护框架实施过程中,将排污许可证发放管理、水源地保护和财政资金优先资助项目筛选相结合,有效地提高了管理效能。

3. 中国

我国的水环境管理政策大体可以分为三个发展阶段:第一阶段为 1972—1996 年,这一阶段,我国的水环境管理以点源治理、达标排放为要点,但无明确的环境管理目标。这段时期,国家先后颁布了《环境保护法》、《地面水环境质量标准》、《水污染防治法》、《污水综合排放标准》及"三大政策"、"八大制度"。第二阶段为 1996—2015 年,这一阶段,先后发生了松花江事故、太湖蓝藻暴发事故,因此,这一阶段,我国的环境管理以两大抓手、重点流域水污染防治规划、水污染物总量控制制度为代表。这一时期,我国颁布了"淮河流域水污染防治规划"、《重点流域水污染防治专项规划执行情况考核办法》、"九五规划"、"全国地下水污染防治规划",2015年又颁布了"水十条"。第三阶段,2015年至今,水生态治理呈现系统治理、一岗双责、党政同责的特点。这期间,我国颁布了《生态文明体制改革方案》、《"长江经济带生态环境保护规划"》、《控制污染物排放许可制实施方案》等。比如我国正在实行生态补偿政策、生态功能分区管理政策等,均强调推动以流域为单元的保护,而不是行政区域。

我国现行的控制水污染的手段主要有两大类[73]:命令控制型手段和经济手段。其中,命令控制型手段主要包括法律手段和行政管理手段,法律手段包括经济立法、经济执法和法律监督;行政手段包括行政命令、行政指标、行政规章制度和条例;经济手段[74]可分为基于数量的经济手段和基于价格的经济手段,基于数量的经济手段主要是指排污权交易、建立控污银行等手段;基于价格的经济手段则包括排污收费(税)、产品税、补贴、资源税、保证金(押金),使用者收费或成本分摊,污染赔偿及罚款等手段。这些水环境管理政策各有优缺点,但对未来而言,我们目前的水环境管理框架政策仍未完善,应突破现有体制机制,形成较为完善的流域统一管理与行政区域管理相结合的管理体制架构,将水污染防治、水资源管理与水生态恢复职责统归流域管理机构;从水环境、水资源、水生态综合管理角度出发,实现水环境的改善、水资源的合理利用、水生态健康的提升[73]。

7.1.2　太湖流域水质水生态管理管理现状

7.1.2.1　生态补偿制度

生态补偿根据生态系统服务价值、生态保护成本、发展机会成本等,通过对生态服务付费、奖励或赔偿等方式,用以解决环境的外部不经济或外部经济问题的一种机制,旨在激励人们保护生态环境,促进人与自然和谐发展[75]。生态补偿在国外通常被称为 Pay for Environmental Services / Payment for Ecosystem Services,即环境服务付费或生态服务付费[76]。

早在 2005 年,中共十六届五中全会公报首次要求政府按照"谁开发谁保护、谁受益谁补偿的原则,加快建立生态补偿机制"[77]。从此,生态补偿开始在中国全面开展。2013 年 11 月,中共十八届三中全会通过的《中共中央关于全面深化改革若干重大问题的决定》中,进一步确定要实行生态补偿制度,推动地区间建立横向生态补偿制度,建立吸引社会资本投入生态环境保护的市场化机制[78]。2016 年,国务院办公厅发布关于健全生态保护补偿机制的意见(国办发〔2016〕31 号),要求在 2020 年对具有重要生态功能的湖泊全面开展生态保护补偿。2021 年中共中央办公厅、国务院办公厅印发了《关于深化生态保护补偿制度改革的意见》,强调生态保护补偿制度作为生态文明制度的重要组成部分,是落实生态保护权责、调动各方参与生态保护积极性、推进生态文明建设的重要手段,该文件进一步深化了生态保护补偿制度改革,加快了生态文明制度体系建设。

2007 年,江苏省人民政府发布关于印发江苏省太湖水污染治理工作方案的通知(苏政发〔2007〕97 号),要求在太湖流域探索建立生态补偿机制,对太湖流域的饮用水源区、自然保护区、生态公益林、湿地等生态功能保护区,由相关受益地区政府筹集资金予以补偿。同年,江苏省政府颁布了江苏省环境资源区域补偿办法(试行)和江苏省太湖流域环境资源区域补偿试点方案的通知,要求在江苏省太湖流域部分主要入湖河流及其上游支流开展试点,建立跨行政区交接断面和入湖断面水质控制目标。2008 年,《江苏省环境资源区域补偿办法》正式施行,并在 8 月份进入实际赔付阶段。2009 年,江苏省环保厅印发了《江苏省太湖流域环境资源区域补偿方案(试行)》,进一步扩大了补偿试点范围,主要覆盖太湖西部上游地区、望虞河、京杭运河苏南段及主要入湖河流水系。2013 年 12 月,江苏省人民政府办公厅印发《江苏省水环境区域补偿实施办法(试行)》,要求在全省推行水环境双向补偿政策。2014 年 10 月,江苏省环保厅、江苏省财政厅联合印发《江苏省水环境区域补偿工作方案(试行)》,该工作方案与《江苏省水环境区域补偿实施办法(试行)》相配套,明确了水质断面与水质目标的设定、补偿标准及监测考核方法。2016 年 12 月,江苏省环保厅、江苏省财政厅印发《江苏省水环境区域补偿工作方案》,进一步完善了江苏省水环境区域补偿制度。除此之外,太湖流域的南京、苏州、无锡、镇江、常州五市也相继颁布了适用于辖区的生态补偿条例或实施方案。2022 年国家发展改革委、生态环境部、水利部按照《长江三角洲区域一体化发展规划纲要》的要求,印发了关于推动建立太湖流域生态保护补偿机制的指导意见,引导建设太湖流域生态保护补偿机制。

太湖流域生态补偿模式应用以来,有效地促进了地方政府环境保护责任的落实,进一步拓宽了环保投资、促进上下游的联合治污,区域水环境质量明改善:太湖流域生态补偿模式正式运行 6 年间,补偿断面水质总体呈逐年改善趋势,经统计,补偿断面高锰酸盐指数、氨氮、总磷三项指标年均浓度分别较 2009 年下降 11.5%、29.1%、25%[79]。

表 7 - 1　江苏省太湖流域生态补偿文件

文件名称	颁布时间	适用范围	标准
《江苏省太湖流域环境资源区域补偿试点方案》苏政办发〔2007〕149 号	2007 年	太湖流域部分入湖河流断面	化学需氧量每吨 1.5 万元;氨氮每吨 10 万元;总磷每吨 10 万元。单因子补偿资金＝(断面水质指标值－断面水质目标值)×月断面水量×补偿标准
《江苏省环境资源区域补偿方案办法(试行)》苏政办发〔2007〕149 号	2007 年	胥河、丹金溧漕河、通济河、中河(北溪河)、南溪河、武宜运河、陈东港等河流	
《江苏省太湖流域环境资源区域补偿方案》苏环发〔2009〕14 号	2009 年	苏州、南京、镇江、常州、无锡五市	高锰酸盐指数、氨氮、总磷
《江苏省太湖流域环境资源区域补偿资金使用管理办法(试行)》苏规财〔2011〕33 号	2011 年	太湖流域生态补偿资金使用	/
《江苏省水环境区域补偿实施办法(试行)》苏政办发〔2013〕195 号	2013 年	全省范围内有水环境保护责任的设区的市、县(市)	/
《江苏省水环境区域补偿工作方案(试行)》苏环办〔2014〕241 号	2014 年	全省 66 个补偿断面和 6 个对照断面	化学需氧量每吨 1.5 万元;氨氮每吨 10 万元;总磷每吨 10 万元

（续表）

文件名称	颁布时间	适用范围	标准
《江苏省水环境区域补偿工作方案》苏环办〔2015〕341号	2015年	全省112个补偿断面	化学需氧量每吨1.5万元、氨氮每吨10万元、总磷每吨10万元
《江苏省水环境区域补偿工作方案（2020年修订）》苏环办〔2021〕131号	2020年	分为两类，第一类为跨市河流交界断面，第二类为直接入海入湖入江断面、输水通道控制断面以及出省的重点监控断面。	高锰酸盐指数、氨氮、总磷、总氮
《常州市环境资源区域补偿实施方案（试行）》常政发〔2009〕167号	2009年	紫阳桥、白塔、胥河落棚湾、漕桥河漕桥和京杭运河九里断面、南溪河潘家坝、北溪河山前桥、邮芳河塘东桥、漕桥河裴家、京杭运河五牧、钟溪大桥、太滆运河分水桥和滆湖和桥水厂断面	化学需氧量每吨1.5万元、氨氮每吨10万元、总磷每吨10万元
《常州市生态环境损害赔偿制度改革实施方案》常武环〔2021〕98号	2021年	国家和省级、市级主体功能区规划中划定的重点生态功能区、重点水功能区、禁止开发区、生态红线区	/
《镇江市太湖流域环境资源区域补偿试点方案》镇政办发〔2008〕108号	2008年	丹阳市丹金溧漕河黄埝桥断面、丹徒区通济河旧县紫阳桥断面	高锰酸盐指数、氨氮、总磷
《镇江市水环境区域补偿和受偿主体及分摊比例方案》镇政办发〔2017〕103号	2017年	白塔、紫阳桥、吕城、林家闸、土桥、新河桥、新港桥、东港桥、鹤溪站断面	/
《苏州市水环境区域补偿办法》	2014年	苏州市补偿断面	/
《苏州市生态补偿条例》	2014年	水稻田、生态公益林、重要湿地、集中式饮用水水源保护区、风景名胜区	/

(续表)

文件名称	颁布时间	适用范围	标准
《市政府印发关于实施第四轮生态补偿政策的意见的通知》（苏府〔2019〕88号	2019年	将生态区位重要、湿地面积较大的长江湿地与太湖、阳澄湖、澄湖湿地一同纳入补偿范围	/
《南京市生态保护补偿办法》	2016年	生态红线保护区域、耕地、生态公益林和水利风景区	/
《南京市水环境区域补偿工作方案》	2017年	南京市省补偿断和市级补偿断面	/
《南京市生态保护补偿办法》政府令第336号	2021年	重要生态保护区域	/
《无锡市水环境区域补偿工作方案（试行）》锡环发〔2015〕13号	2015年	出入太湖主要河流、长江干线、望虞河西岸、京杭运河等重要水体断面，以及跨行政区域河流交界断面	高锰酸盐指数、氨氮、总磷
《无锡市生态补偿条例》苏人发〔2019〕16号	2019年	永久基本农田、水稻田、市属蔬菜基地、种质资源保护区、生态公益林、重要湿地、集中式饮用水水源保护区、清水通道维护区、重要水源涵养区	/

7.1.2.2　排污许可证分配与交易制度

我国的排污许可制起步于20世纪80年代末，1989年召开的第三次全国环境保护会议正式将排污许可证制度确立为环境管理八项基本制度之一。近些年来，我国排污许可证制度不断完善，2013年，我国开始进入"一证式"排污许可制度时期；2015年1月1日正式实施的新《环境保护法》明确要求，"未取得排污许可证制度的，不得排放污染物"，并承担相应的法律责任；同时，中共中央、国务院印发的《生态文明体制改革总体方案》也将"完善污染物排放许可制"作为健全环境治理体系的重要举措之一；2016年，国务院发布的《控制污染物排放许可制实施方案》》(国办发[2016]81号文)标志着排污许可制度改革全面启动;2017年,原环境保护部成立了排污许可与总量控制办公室,发布了十余个行业的排污许可证申请与核发技术规范和排污许可分类管理名录等指导性文件,建立了全国统一的管理信息平台并投入使用[80];2018年,国家公布《排污许可管理办法(试行)》,明确将继续建立健全排污许可法规制度体系;2020年,《排污许可管理条例》经国务院常务会议通过,并于2021年3月1日起施行。

江苏太湖流域水排污权交易试点是全国最早开展水排污权交易实践的区域之一[81]。早在2004年,江苏省就印发了《江苏省水污染物排污权有偿分配和交易试点研究》工作方案,开展水污染物有偿使用试点,但并未形成理论体系和规范文件。此后,由于太湖流域工业经济发展迅速,环境风险事件不断引发公众关注,财政部和原国家环保总局于2007年决定选择江苏太湖流域开展排污权交易试点,为江苏省太湖流域推进水污染物排污权有偿使用和交易奠定了基础。2008年8月14日,财政部、环保部和江苏省人民政府在无锡市联合举行太湖流域主要水污染物排污权有偿使用和交易试点启动仪式,标志着此项工作在江苏省太湖流域全面展开。

在此背景下,各市、区积极响应国家、省级发展规划和工作计划,承担排污许可证发放工作,积极开展企业填报培训工作,加快扩大发证范围,为推动排污许可制度落实做出重大贡献。2016年9月苏州市环保局印发《苏州市排污许可制度改革试点工作方案(试行)》(苏环控字[2016]36号),指出到2020年基本形成以排污许可制度为核心的协调统一的环境管理制度体系。无锡市环保局根据《固定污染源排污许可分类管理名录(2017)》的要求相继开展了火电、造纸、钢铁、水泥、电镀、印染等行业的排污许可证核发和管理工作,对重点管理行业和非重点管理行业进行区分,严格按照期限要求完成核发工作。常州市环保局积极配合上级立法机关加快推动排污许可管理条例出台,开展固定污染源清理整顿工作,加强证后监管,全面提高固定污染源管理效能。各市、区的积极响应对实现核发一个行业,清理一个行业,达标一个行业,规范一个行业,加快完善排污许可管理制度具有重要推动作用。过去多年的发展,江苏太湖流域水污染物排污权交易试点实践已经形成了具有地方特色的经验做法,取得了积极的成效,同时也为其他地区开展水污染物排污权有偿使用与交易试点提供了借鉴和参考。

表 7 - 2　江苏省太湖流域排污权交易与分配文件一览表

文件名称	颁布时间	适用范围	污染物种类
江苏省太湖流域主要水污染物排污权有偿使用和交易试点方案细则	2008 年	太湖流域内的苏州市、无锡市、常州市和丹阳市的全部行政区域,以及句容市、高淳县、溧水县行政区域内对太湖水质有影响的河流、湖泊、水库、渠道等水体所在区域	依据《太湖地区城镇污水处理厂及重点工业行业主要水污染物排放限值》(db32/t1072—2007)和《太湖流域国家排放标准水污染物特别排放限值》
《太湖流域国家排放标准水污染物特别排放限值》	2008 年	/	/
《江苏省太湖流域主要水污染物排放指标有偿使用收费管理实施办法》苏价费〔2008〕18 号	2008 年	苏州、常州、无锡、南京、镇江	/
《江苏省太湖流域主要水污染物排污权有偿使用和交易试点排放指标申购核定暂行办法》	2009 年	太湖流域	/
《江苏省排放水污染物许可证管理办法》省政府令第 74 号	2011 年	行政区域内实施排放水污染物许可	
《江苏省排污许可证发放管理办法(试行)》苏环规〔2015〕2 号	2015 年	江苏省排放工业废气或者《中华人民共和国大气污染防治法》第七十八条规定名录中所列有毒有害大气污染物的排污单位、集中供热设施的燃煤热源生产运营单位、直接或间接向水体排放工业废	全省:化学需氧量、氨氮、二氧化硫、氮氧化物、挥发性有机物、烟粉尘;太湖流域还包括总氮、总磷

文件名称	颁布时间	适用范围	污染物种类
		水、医疗污水的排污单位、城镇或工业污水集中处理设施的运营单位、规模化畜禽养殖场、垃圾集中处理处置单位或危险废物处理处置单位、其他按照法律规定应当取得排污许可证的排污单位。倾倒固体废物，种植业、非规模化畜禽养殖场排放污染物，机动车、铁路机车、船舶、航空器等移动污染源排放污染物，核与辐射以及居民生活中排放污染物不适用本办法	
《太湖地区城镇污水处理厂及重点工业行业主要水污染物排放限值》（DB32/1072—2017)	2017 年	太湖地区城镇污水处理厂、纺织工业、化学工业、造纸工业、钢铁工业、电镀工业、食品工业主要水污染物的排放管理，以及建设项目的环境影响评价、建设项目环境保护设施设计、竣工验收及其投产后的排放管理	
《江苏省排污权有偿使用和交易管理暂行办法》(苏政办发〔2017〕115 号)	2017 年	行政区域内实施排放水污染物许可	化学需氧量（COD）、氨氮（NH_3-N)、总磷（TP）、总氮（TN）、二氧化硫（SO_2)、氮氧化物（NO_x)、挥发性有机物（VOCs）等主要污染物

（续表）

文件名称	颁布时间	适用范围	污染物种类
《江苏省排污权有偿使用和交易实施细则(试行征求意见稿)》	2019 年	畜牧业、农副食品加工业、食品制造业、酒、饮料和精制茶制造业、纺织业、纺织服装、服饰业、皮革、毛皮、羽毛及其制品和制鞋业、木材加工和木、竹、藤、棕、草制品业、家具制造业、造纸和纸制品业、印刷和记录媒介复制业、石油、煤炭及其他燃料加工业、化学原料和化学制品制造业、医药制造业、化学纤维制造业、橡胶和塑料制品业、非金属矿物制品业、黑色金属冶炼和压延加工业、有色金属冶炼和压延加工业、金属制品业、汽车制造业、铁路、船舶、航空航天和其他运输设备制造、电气机械和器材制造业、计算机、通信和其他电子设备制造业、废弃资源综合利用业、电力、热力生产和供应业、水的生产和供应业、生态保护和环境治理业、公共设施管理业、机动车、电子产品和日用品修理业、卫生、其他行业、通用工序等。生活污水集中处理、工业废水集中处理不纳入排污权有偿使用和交易范围	化学需氧量(COD)、氨氮(NH_3-N)、总磷(TP)、二氧化硫(SO_2)、氮氧化物(NO_x)

文件名称	颁布时间	适用范围	污染物种类
《南京市主要污染物排污权有偿使用和交易管理办法(试行)》宁政规字〔2015〕1号	2015年	南京市工业企业、规模化畜禽养殖企业和医疗、宾馆餐饮服务单位	化学需氧量、氨氮、二氧化硫、氮氧化物
《苏州市主要水污染物排污权有偿使用和交易试点的工作方案》	2009年		
《苏州市排污许可制度改革试点工作方案(试行)》(苏环控字〔2016〕36号)	2016年		
《无锡市主要水污染物排放指标有偿使用收费管理实施办法》锡政发〔2009〕116号	2009年	无锡市全部行政区域，包括二市(县)和七区。江阴市、宜兴市可根据省方案和本办法制定本地的实施方案和细则	
《江阴市主要污染物排放指标有偿使用收费管理实施细则(试行)》	2008年	全市纺织染整、化工、造纸、钢铁、电镀、食品制造及其他生产经营过程中直接或间接经许可向环境排放化学需氧量的排污单位	/
《江阴市主要污染物排污权交易暂行办法》	2009年	江阴市	/
《无锡市滨湖区环评与排污许可监管行动计划(2021—2023年)》锡滨环〔2021〕24号	2021年	县区级及以下各产业园区	/
《常州市主要水污染物排污权有偿使用和交易试点的工作方案》	2009年	常州市	/
《常州市主要污染物排污权有偿使用和交易管理办法》常环总〔2015〕16号	2015年	常州市	/

（续表）

文件名称	颁布时间	适用范围	污染物种类
《镇江市太湖流域环境资源区域补偿试点方案》	2009 年	镇江市	/

7.1.2.3　河长制

河长制是一个制度的创新[82]，主要面对的是河流、湖泊水环境治理和保护。改革开放以来，我国经济高速增长，但生态环境却被严重破坏，特别是水生态环境。而治理和保护水生态环境是新时期党和政府治国理政的重要课题之一。

2007 年太湖蓝藻暴发，引发社会极大的恐慌，同时，这件事也让人们意识到太湖水生态环境保护刻不容缓。同年，无锡市委办公室和市政府办公室印发《无锡市河（湖、库、荡、汊）断面水质控制目标及考核办法（试行）》，将河流的断面水质作为领导干部的考核标准[83]。2008 年，江苏省决定在太湖流域推广河长制，同年 6 月，江苏省政府办公厅下发了《关于在太湖主要入湖河流实行双河长制的通知》（苏政办发[2008]49 号），决定对 15 条入湖河流实行"双河长制"，分别由省政府领导、省太湖水污染防治委员会部分成员和有关厅局负责同志担任省级层面的"河长"，而地方层面的"河长"则由河流流经的各市、县（市、区）人民政府主要负责同志担任。该《通知》还进一步规定了河长的主要责任：组织编制并领导实施所负责河流的水环境综合整治规划；协调解决工作中的矛盾和问题；抓好督促检查，确保规划、项目、资金和责任"四落实"，带动治污工作的深入开展。9 月，无锡市政府颁布了《中共无锡市委、无锡市人民政府关于全面建立"河（湖、库、荡、汊）长制"全面加强河（湖、库、荡、汊）综合整治和管理的决定》（锡委发[2008]55 号），进一步规范了"河长"管理工作职责。

2009 年，原环保部直属的中国环境报对河长制进行了大量的专题报道，这些报道被原环保部官方网站汇编，表明河长制在很大程度上得到了原环保部的认可。6月25日,时任环保部长周生贤在无锡视察时高度评价了"河长制"的作用和价值,表示要在全国的江河湖海治理中推广这一经验。

2012年9月,江苏省政府办公厅下发《全省河道管理河长制工作意见》,"河长制"开始在江苏全省范围内得到推广。2014年3月21日,国新办就"加强河湖管理,建设水生态文明"举行新闻发布会。水利部副部长在发布会上表示,地方政府行政首长负责的"河长制"是地方创新的一条经验,在水污染治理方面取得了很好的效果,将向全国推广[84]。同时,水利部将进一步完善河湖保护技术的标准和相应的规程规范,为"河长制"的实施提供坚实的技术支撑。继2009年得到环保部高度评价后,时隔五年,"河长制"获得了水利部的认可,"河长制"开始走向顶层设计。

2016年中共中央办公厅、国务院办公厅印发了《关于全面推行河长制的意见》(厅字〔2016〕42号),要求各地区、各部门结合实际认真贯彻落实。2017年习近平总书记在新年贺词中,提到"每条河要有河长了",李克强总理则在《2017年国务院政府工作报告》中指出,全面推行河长制是深化改革开放的重要举措之一。12月27日,江苏省水利厅召开新闻发布会,正式宣布江苏省全面建立"河长制"。2018年,中共中央办公厅、国务院办公厅印发了《关于在湖泊实施湖长制的指导意见》,要求全面建立省、市、县、乡四级湖长体系。2019年,随着水利部出台《关于推动河长制从"有名"到"有实"的实施意见》,江苏省太湖流域的五市也在积极推动流域河湖管理上的新突破。并于2021年发布《江苏省河道管理条例》,以法律形式明确河长职责,全面落实河道管理保护地方主体责任,维护河道健康生命和河道公共安全。

表7-3 太湖流域河长制文件

文件名称	颁布时间	适用范围
《关于全面推进太湖流域片率先全面建立河长制的指导意见》	2017年	太湖流域
《关于江苏省全面实施河长制的意见》	2017年	江苏全省
《太湖湖长协商协作机制规则》	2018年	江苏、浙江

（续表）

文件名称	颁布时间	适用范围
《江苏省河长湖长履职办法》	2018 年	全省县级以上
《太湖流域片河长制湖长制考核评价指标体系指南（试行）》	2018 年	太湖片区
《江苏省河道管理条例》	2021 年	江苏全省
《苏州市全面深化河长制改革的实施方案》苏委办发〔2017〕41 号	2017 年	全市河道、湖泊
《苏州市河长制巡查督察实施细则》苏市河长办〔2018〕19 号	2018 年	苏州市
《苏州市河长制工作第三方评估方案(试行)》	2018 年	县级河长
《苏州市基层河（湖）长履职工作细则（试行）》〔2021〕41 号	2021 年	全市基层河长
《关于简历"河(湖)长＋检察长"协作机制的指导意见》苏市河长办〔2022〕1 号	2022 年	苏州市
《南京市全面推行河长制工作督导检查制度(试行)》宁河长办〔2017〕3 号	2017 年	南京市河、湖
《南京市河长制工作会议制度(试行)》	2017 年	
《南京市河长制信息管理制度(试行)》	2017 年	
《南京市河长巡查督办制度(试行)》	2017 年	
《南京市河长制工作考核办法(试行)》	2017 年	
《南京市河长制水质监测制度(试行)》	2017 年	
《2021 年度南京市河湖长制工作要点》	2021 年	
《无锡市全面深化河长制实施方案》	2018 年	无锡所有湖泊
无锡市《关于建立市级以上河湖河长制工作挂钩责任机制的通知》锡水办〔2017〕13 号	2017 年	无锡市级以上河湖
无锡《关于推进全市河湖《一河一策》编制工作的通知》锡河长办〔2017〕14 号	2017 年	全市所有河湖
常州市《关于全面推行河长制的实施意见》	2017 年	全市湖泊
常州市《关于加强全市河道管理"河长制"工作的意见》常政办发〔2013〕41 号	2013 年	全市湖泊

文件名称	颁布时间	适用范围
常州市《关于加强全市湖长制工作的实施方案》	2017 年	全市湖泊
《常州市河长制工作问责办法》	2018 年	全市湖泊
《关于推行小微水体河长制的指导意见》常河长〔2020〕1 号	2020 年	小微水体
《镇江市全面推行河长制工作方案》(镇办发〔2017〕24 号)	2017 年	全市河道、湖泊
《镇江市河长制湖长制工作考核办法》镇河长〔2018〕2 号	2018 年	全市湖泊
《镇江市河长湖长履职办法》镇河长〔2018〕1 号	2018 年	全市湖泊
镇江市河长制考核问责和激励制度》	2018 年	全市湖泊
《镇江市河长制办公室工作人员考勤制度》镇河办发〔2017〕38 号	2017 年	全市湖泊
《镇江市河长制办公室公文处理制度》镇河办发〔2017〕38 号	2017 年	全市湖泊
镇江市《河长交办单》、《河长交办事项回复单》、《工作联系单》镇河办发〔2017〕33 号	2017 年	全市湖泊
《镇江市河长制市级会议制度》、《镇江市河长制工作信息报送制度》、《镇江市全面推行河长制验收办法》镇河办发〔2017〕12 号	2017 年	镇江市

7.1.2.4 环境税

环境税是政府利用行政职能对任何有关生态环境保护的事项进行征收的税收。通过对环境税的再分配可以有效地控制环境污染,优化资源配置,防范环境污染风险,将环境损害降至最低。2013 年,党的十八届三中全会通过的《中共中央关于全面深化改革若干重大问题的决定》提出了推动环境保护费改税,并确定于 2018 年 1 月 1 日起,正式施行《中华人民共和国环境保护税法》(以下简称《环境保护税法》),确立环境税的征收。

其实在 2005 年 4 月,太湖流域就出台了排污费制度,并完善了稽查办法;随后,在 2007 年 6 月,江苏省上调了排污费征收额度,并从 2007 年 12

月起,实行环境损失补偿办法,按照规定 COD 排放量每吨 1.5 万元,氨氮排放量每吨 10 万元的标准,在河流上下游实行损失补偿,上游按照超标的污染物计算补偿下游的损失。2008 年 8 月,江苏省出台了针对氨氮和总磷超标污染物收费办法,限定在苏州等四市及对沿太湖流域水质影响水域内,按照征收标准,氨氮和总磷每当量 0.9 元,超出限定总额部分超倍征收。2010年 9 月,上调苏州等四市及对沿太湖流域水质影响水域内排污费征收标准,从每当量 0.9 元调整至每当量 1.4 元。后来,2015 年 12 月起,政府下发调整磷氮征收标准的文件,从 2016 年起至 2017 年末,将上述区域内的上调磷氮征收额为每当量 4.2 元,从 2018 年起征收标准将再次上调至 5.6 每当量。

在太湖流域排污水费政策的实施的十年间(2008—2018 年),江苏省太湖流域规模以上工业总产值不断上升,但工业废水排放总量呈现降低趋势,且 COD 以及氨氮排放量明显降低;2015—2018 年,江苏省太湖流域征收的排污费呈现增长趋势[85]。环境税的征收为太湖流域水环境改善提供重要支撑。

表 7-4　江苏省太湖流域环境税文件

文件名称	颁布时间	适用范围	标准
《江苏省人民代表大会常务委员会关于大气污染物和水污染物环境保护税适用税额的决定》	2017 年	全省大气和水污染物	水污染物:南京市为每污染当量 8.4 元,无锡市、常州市、苏州市、镇江市为每污染当量 7 元
《江苏省环境保护厅关于发布部分行业环境保护税应税污染物排放量抽样测算特征值系数的通告》(苏环规〔2018〕1 号)	2018 年	适用于《中华人民共和国环境保护税法》施行后,无法通过实际监测以及原环保部第 81 号公告规定的排污系数和物料衡算方法来计算应税污染物排放量的部分小型第三产业、施工扬尘和畜禽养殖业相关污染物排放量的核算	/

（续表）

文件名称	颁布时间	适用范围	标准
江苏省生态环境厅关于部分行业环境保护税应纳税额计算方法的公告	2018 年	无法通过监测或无法按照排污系数、物料衡算方法计算大气污染物、水污染物应纳税额的纳税人	/
《关于贯彻实施小微企业普惠性税收减免政策的通知》（苏财税〔2019〕15 号）	2019 年	小微企业	/

7.1.3 太湖流域水质水生态管理问题分析

生态补偿、河长制、排污许可证分配与交易、环境税四大制度的实施给太湖流域的水质水生态带来了极大的改善，但不可忽视的是，在四大制度实施的过程中也存在一些问题。根据《2018 年太湖健康状况报告》，太湖高锰酸盐指数与总磷未达到《太湖流域水环境综合治理总体方案（2013 年修编）》确定的 2020 年控制目标，治理效果不佳。2018 年太湖健康状况评价得分为 59.1 分，处于亚健康水平。因此，本节通过对太湖流域水质水生态管理问题进行分析，以期提高太湖流域水质水生态管理水平与治理效果。

7.1.3.1 生态补偿制度

生态补偿制度主要存在以下两点问题：

1. 生态补偿制度不完善

当前《江苏省太湖流域环境资源区域补偿试点方案》仅针对上游对下游进行资金补偿，并没有关于下游对上游在特殊情况下也应给予相应补偿的规定[86]。国家环保总局《关于开展生态补偿试点工作的指导意见》还要求建立功能区生态补偿机制，但《江苏省太湖流域环境资源区域补偿试点方案》并没有对功能区的生态补偿机制作出规定[87]。太湖流域各区市未在顶层决策、重大任务推进、协同治理和保护等方面建立有效的协调联动机制，流域生态补偿的范围仍偏小、标准偏低，保护者和受益者良性互动的机制体制尚不完善，同时市场和社会等流域多元补偿体也因主体责任不明、主体利益诉求不同等不能较好地融入流域生态补偿制度，一定程度上影响了生态环境保护措施行动的成效[88]。因此太湖流域生态补偿制度应多方位考虑，同时能对各功能区的补偿机制做出相对应的规定，以达到太湖流域分区治理、综合利用水平提高的目的。

2. 影响补偿标准的因素有待细化、明确

太湖流域的生态补偿目前以化学需氧量、氨氮和总磷这三个因素进行控制的，但总磷控制仍不能取得很好的结果，因此如何在生态补偿中结合最新的环保、化学方面的研究，或者加入一些分区急需解决的重点污染因素等来制定生态补偿标准亟待解决。而且就目前来说，当前的补偿标准过度偏向水质，水生态方面缺少相应的考虑。

7.1.3.2　排污许可证分配与交易制度

排污许可证分配与交易制度主要存在以下四点问题：

1. 排污许可证发放范围缺失、发放公平性有待考证

当前太湖流域许可证的发放范围主要是对环境污染较为突出的重污染企业，对非重点污染源和非主要污染源监管不够。从排放因子上看，对水环境污染物和大气环境污染物做了规定但噪声污染和固体废弃物污染仍在排污许可的规定之外，且受限于污染物排放核算技术规范，部分污染物如重金属无法纳入排污许可管理。另外采取排污许可制度与总量制度融合，在未确定行业层面科学公平的排污许可量的前提下，按照不同行业先后顺序（重污染行业先行）核发排污许可证，可能由于污染物排放总量限制导致后发证的轻污染企业反而无证可发，企业生产活动受到影响，存在行业间许可排放量分配不公平的问题。

2. 排污许可量核定方法不够严谨

现行的《排污许可证申请与核发技术规范》(HJ942—2018)中排污许可

量的核定方法要求相对宽松,满足了全国普适性的需要,但各地区、各行业存在一定差异,导致其核定方法无法满足太湖流域排污管理的需求,主要体现在三个方面:一是在未确定区域层面水环境质量所能承载的排污许可量的前提下,直接开展重点行业排污许可证核发,将会出现企业许可排放量总和远高于区域水环境所能承载的最大许可排放量。二是企业的产业技术、污染防治技术与其污染物排放息息相关,而现行的排污许可量的核定并未考虑到企业的先进产业技术和污染防治技术。三是太湖流域开发强度高、产业密度大,污染物排放总量大于环境容量的基本状况在短期内尚未转变到位[89],目前基于排放标准的许可量核定方法不够严格,无法满足太湖流域水环境管理目标。

3. 各主体权责不清

环保部门本应起到对企业排污行为监管、判断企业排污行为是否符合标准的作用,但是一些环保部门却对固定污染源排放行为大包大揽、全管全控,不断提高监管要求、增加监管频次、扩大监管范围。企业的环境行为没有得到提升,公众质疑环境改善的效果时,使得环保部门被迫承担了企业的排污、治污责任。企业主体责任意识有待加强,需要加强建立企业"自我管制"机制,落实企业环保责任,强化许可证监管。目前我国排污许可管理仍以政府部门对企业的监督管理为主,对企业的责任义务要求缺乏细致分解,未实现企业污染物排放专业、精细化管理,导致企业主体责任落实不到位[90]。政府作为排污许可证核发和管理的主体,环保部门为排污许可证日常监督管理工作的主体,企业为排污许可证执行的主体。各方应明确排污许可制度的权利和责任,在合理设置监督管理和违法处罚权利的基础上,构建以企业为排污许可责任主体的环境管理体系[91]。

4. 执行缺乏约束力

排污许可管理未成为污染源管理的核心环节[92],一证式管理理念需要加强。目前,发放的排污许可证载明的内容较为简单,仅有企业的污染物排放(时间、地点、去向)和排放口(地点、数量)等主要环境管理要求,没有对企业遵从环境统计、总量控制、环境影响评价等环境管理制度实施提出明确要求,虽有间歇性、季节性排放的特别控制要求,但缺少"一厂一策"的个性化特征要求,排污许可管理协调性和约束力不强。这种简单化往往使许可证仅起到排污资格证的作用,将无证不得排污的罚则理解为许可证的主要定位。

目前,太湖流域对于违反排污许可证制度行为的处罚力度相对较轻,如《江苏省排放水污染物许可证管理办法》对于排污单位不按照排污许可证或者临时排污许可证的规定排放污染物的虽然有相关处罚规定,但处罚额度较低,责罚不相当,使得一些企业宁愿以罚款来换取非法排污。因此,必须制定明确、合理的处罚规定,对非法排污行为起到威慑和控制的作用[93]。

7.1.3.3　河长制

河长制主要存在四点不足:

1. 经费不足

按照当前河道管护的水平和要求,每年每公里需要管护经费 2 万元,养护和维修经费 1 万元。虽然有省级资金的持续投入,江苏近几年的市县经费投入稳中提升,2014 年从 2.19 亿元涨到 2016 年的 2.9 亿元,有力保障了河道管理各项工作的推进,但是实际投入水平不到 50%,仍然存在较大的资金缺口。有些地区财政收入少,资金缺口大,舍不得把财政资金投入太湖流域治理中去,也不想投入资金。

2. 人员不足,治理水平有限

当前阶段,太湖流域管理中,河长是作为一个"兼职"存在于各级政府领导的身上,而且河长大部分非专业人员,在能力、专业见解上均存在明显差异。作为党政领导,原本的工作任务就繁多,但现在还需要负责太湖流域的河湖管理,定期需要巡河,并需追查巡河过程中发现的问题,工作量巨大。而除了上传下达、沟通与协调不同部门这些职责,河长办还承担着督察、考核、宣传等职能。

3. 部门协调信息化水平不足

研究表明,在协同过程中,联系沟通是否紧密,影响个体与个体、组织与组织之间的凝聚力和集体行为,只有达到一定强度和密度后,才能顺畅地共享信息、互相信任、主动合作。太湖流域河湖治理涉及众多部门,部门之间的信息沟通与共享程度直接影响着河湖治理的效率。当前而言,流域河长制信息化管理和维护的专业人才匮乏,导致太湖流域部门协调的信息化程度依然不够。

4. 公众参与度差

真正的河长应该在民间,但就当前"河长制"参与状况来看,当前社会公众参与太湖流域水治理的责任意识、参与意识并不强,尚未形成全社会参与治理与监督的良好氛围。虽然江苏省在"河长制"实践中一定程度上已经引入了社会力量,省内各级地市都竖立了"河长制公示牌",公示牌上标明了河长姓名和电话,但是太湖流域水治理决策中鲜有公众参与。无独有偶,江苏的水资源信息是全部公开的,但是查看的人寥寥无几。群众对政务公开并不敏感,也没有参与政策制定、执行、监督的自觉性。

7.1.3.4 环境税

太湖流域环境税的实施过程主要存在四点问题:

1. 排污税费制度设置不科学、不合理

排污税费制度设置不科学、不合理,无法发挥控制企业减排效果,企业可能不减排,仍增排。2010年江苏太湖流域排污费征收标准提高55.56%时,无锡市和常州市在2011年工业废水排放总量大幅减少,但苏州市和镇江市排放总量不降,反而在上升。四市COD排放量均在下降,但是下降幅度差距很大,最高下降了62.07%,最低才下降了0.58%,常州、无锡、镇江三市的氨氮排放量均减少,反而苏州市氨氮排放量上升了8.47%。2015年征收标准提高200%,常州、无锡、苏州三市的重点国控企业征收的排污费均在增长,增长幅度差距较大,最高为116.29%,无锡市最低为29.85%,只

有镇江市国控企业征收的排污费不升反降,下降幅度 20.49%[85]。总的来说,提高排污税费征收标准本意是在控制排污企业的排放量,但是却出现排污量增长的情况,说明两者之间的关系存在其他因素的干扰,比如企业之间的市场份额变化、企业自身更新技术的决策、企业成本差异等等,需要进一步探讨研究。

2. 征税范围狭窄

2018 年我国正式征收环境税,《环境保护税法》明确规定,对大气污染物、水污染、固体废物和噪声征收环境税。此外,和环境保护相关的税种仅有消费税、资源税,而现行的资源税主要还是针对矿产资源来征收的,消费税也没有对大型高能耗的重型车辆进行征收。相较于美国等发达国家,我国环境税涉及的应课税物面较窄,相比之前的排污费也没有很大的改动,只是"费改税"的平行转移[94,95]。

3. 与环保部门信息共享机制尚未形成

根据《中华人民共和国税收征收管理法》,税务部门是我国税务征收的主管机关,针对环境税的专业性与复杂性,我国《环境保护税法》与《税法》明确规定,环境保护部门应当与税务部门构建信息共享平台。但就目前而言,税务部门和环保部门如何就促进信息共享尚未出台相关的政策、文件。

4. 环境税收奖励优惠政策体系建设不完善

税收的功能是财富的再分配,也是调节市场的重要手段。一是,应当结合实际对不同的方面设立阶梯征税的模式进行征收。二是,对积极调整产品结构、改革工艺、改进生产设备,以及对降低污染、减少污染排放有固定资产投入的企业,应该提供税收抵免的政策倾斜[96]。但我国现有的环境税收优惠政策,灵活性不强,征收环境税的目的是通过税收降低环境污染,保护生态环境,不是单纯地以费改税。当前,流域在征收环境税的过程中,还需要进一步科学地设计征收税率,给予企业奖励优惠政策,提高企业技术革新的积极性,完善配套措施、税收优惠分析、评估制度和预算制度,建立起科学的税收优惠、分析、评估制度[97]。

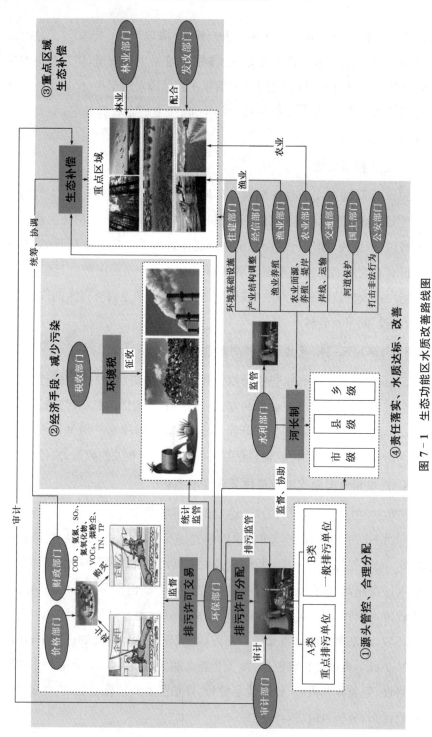

图 7 - 1　生态功能区水质改善路线图

7.1.4　太湖流域水质水生态管理实施路径

"十二五"期间,《江苏省太湖流域水生态环境功能区划(试行)》将太湖流域划分为 49 个生态功能分区,并根据水质与水生态保护并重、生态保护与生态修复并举、各类环境区划统筹兼顾、区间差异化与区内相似性、流域与行政区界相结合、水生生物资源合理利用、持续发展、管理手段多元化、功能区界动态更新的原则将 49 个生态环境功能分区划分为 4 个等级:生态Ⅰ级区、生态Ⅱ级区、生态Ⅲ级区、生态Ⅳ级区。其中,生态Ⅰ级区和生态Ⅱ级区重点强调生态保护,生态Ⅲ级区和生态Ⅳ级区重点强调生态修复工作。所以在不同级别的分区实施生态补偿、河长制、排污许可证分配与交易、环境税四大制度政策时,政府部门应各有侧重(图 7 - 1)。

7.1.4.1　生态补偿

针对生态保护为主要内容的生态Ⅰ级区和生态Ⅱ级区来说,生态补偿应该以预防和治理由人类生活和生产活动引起的环境污染和破坏[98],防止由开发和建设活动造成的环境破坏和污染、保护有特殊价值的自然环境等为重要内容[99]。进一步推进流域大保护的工作协调和重大课题研究、加强流域各级政府的主体责任制、建立科学化生态补偿标准、拓展补偿资金来源、建立生态补偿条例和法律法规支撑体系、建立流域生态共建共享新机制[100]。而针对生态修复为重点内容的生态Ⅲ级区和生态Ⅳ级区来说,生态补偿应该重在协调社会经济发展和生态环境保护之间的矛盾,所以应该以恢复流域水量水质、缩小区域发展差距,实现整体效用最大化为目标[101]。在流域水生态恢复过程中,应根据流域在水生态系统退化程度、水生态因子受环境的限制程度、生态治理措施可执行性方面的表现,确定合适的生态恢复轨迹及注意事项,退耕还林将是修复型水生态补偿的重要的、关键的措施[102]。此外,流域治理修复型水生态的恢复需要长期的治理才能实现,所以在不同时期,生态补偿的侧重点和实现方式也应有所差别:在生态重建初期,以外部补偿和代际补偿为主,内部补偿为辅[103]。在实施方式上,可以通过对各地方政府的税收进行再分配根据具体情况来进行补偿金的发放。或者以功能服务的层次递推关系为依据,构建基于水服务功能的治理修复型水生态补偿支付框架。并以协同学、非零和博弈、最优管理方法(BMPs)的相关知识为依据,制定促进流域整体协调发展的生态补偿标准,实现流域生态补偿正向生态功效的最大化[104]。

当前的生态补偿制度均以行政区域为实施、考核单位,因此在水生态功能分区的管理中,跨市的水生态功能分区可以成立生态补偿工作小组,其成员由功能分区涉及的县区财政部门、环保部门、水利部门、农业部门、林业部门、渔业部门、住建部门、审计部门等部门主要领导或负责人组成,建立生态补偿协调合作机制,颁布水生态功能分区生态补偿办法或者签署生态补偿合作协议,进一步明确多方合作的方式、形式等内容。未跨市县的水生态功能分区可以在原有生态补偿班底的基础上推进分区的生态补偿工作。

财政部门统筹协调分区的生态补偿工作:1) 跨区的水生态功能分区可以在分区生态补偿工作小组的领导下,根据地区实际,参与制定生态补偿标准,根据每个生态功能分区的定位和生态环境保护的重点,各功能分区的生态补偿工作小组可以在市县原有控制指标的基础上,增添生态补偿指标。比如跨界的断面可以根据分区的污染现状,增添总氮、重金属等控制指标,增添物种保护等生态指标。2) 构建生态补偿信息共享机制:明确分区内生态补偿信息共享的负责人、共享方式、共享频次等内容。未跨市县的水生态功能分区,可以以财政部门为首,推动与环保等部门的信息共享,促进分区的生态补偿工作,促进分区水质水生态的改善。3) 根据环保部门、农林部门、渔业部门、水利部门等监测的数据,核算分区生态补偿金额,并进行档案管理,监督生态补偿资金的拨付和使用,避免生态补偿金挪作他用。4) 积极探索多元化的生态补偿方式。当前太湖流域横向生态补偿的资金来源渠道主要是财政资金,财政部门可积极开拓多元化的补偿资金来源渠道,一方面通过水权交易、碳汇交易、排污权交易等市场化手段拓展横向生态补偿资金的来源渠道,另一方面直接受益的企业要承担生态补偿责任[105]。

市县环境保护部门负责协调、监督辖区内的重要生态区域的保护工作，促进辖区内的生态补偿工作；水利部门统一管理辖区内水生态补偿工作；农业部门负责辖区内与农业相关的生态补偿工作；林业部门负责辖区内湿地和林地的生态补偿工作；渔业管理部门负责和渔业相关的生态补偿工作。

7.1.4.2　排污许可证分配与交易制度

对于跨市县的水生态功能分区来说，首先应该成立跨区域排污许可证分配与交易工作小组，其成员可由涉市县的环保部门、水利部门、财政部门、审计部门、价格部门等部门的领导或主要责任人组成。工作小组负责统筹协调水生态功能分区内与排污许可证分配及交易制度相关的工作。未跨市县的水生态功能分区则可在原有班底的基础上，统筹推进水生态功能分区内的排污许可证分配及交易工作。

环境保护部门是排污许可证分配与交易的主要负责部门，对本行政区域内的排污许可工作实施统一监督管理。

财政部门负责同级政府部门回购排污权及排污权管理相关工作经费预算，排污权有偿使用和储备排污权交易资金的监督和管理，监督排污权出让收入使用情况。

价格部门负责排污权有偿使用和交易价格的监督和管理，按照有关法律法规规定，对违反规定乱收费进行查处[106]。

审计部门负责排污权有偿使用和交易管理工作的监督和审查，监督排污权出让收入使用情况。

7.1.4.3　河长制

生态Ⅰ级区和Ⅱ级区的河长制度应关注区域水资源管理、水域岸线管理保护，重视区域生态系统的稳定性、协调性，对所有出现可能影响、破坏生态系统的因子进行分析、上报、预警、处理。生态Ⅲ级区和Ⅳ级区的河长在日常工作中应更加关注区域水污染防治、水环境治理、水生态修复和执法监管等内容，从严规范涉河项目管理，切实加强入河排污口整治，综合开展河道垃圾清理治理,对所有可能导致区域生态环境恶化的因素进行分析、处理,为区域生态修复提供一个长期的、稳定的环境。

作为河长制的主要负责部门,水利部门应该:1)严格水资源管理,落实最严格的水资源管理制度,严守用水总量控制、用水效率控制、水功能区限制纳污"三条红线",严格考核评估和监督,尤其是在生态Ⅰ级区和Ⅱ级区。2)根据水功能区确定的水域纳污能力和限制排污总量,落实污染物达标排放要求,切实监管分区内入河入湖排污口,严格控制辖区内的入河入湖排污总量。3)加强河湖资源用途管制,合理确定河湖资源开发利用布局,严格控制开发强度,尤其是生态Ⅰ级区和Ⅱ级区。4)加强与环保等相关部门沟通协调,形成上下协调、左右配合、齐抓共管的河湖管理保护新局面,与公安、司法等有关部门,配套设立"河道警长",加强对涉嫌环境违法犯罪行为的打击。跨区的水生态功能分区可成立跨区域的河长协调机制。5)负责全区河道管护日常工作,开展分区内河道疏浚清淤、水利配套设施建设及河道岸线、堤防、水域、取排水行政管理。

环保部门要配合水利部门和相关部门落实河长制,对河长制的工作进行监督。财政部门负责落实河道生态清淤和长效管护经费,监督河道管护专项经费使用管理。

公安部门配合水利部门依法打击破坏河道资源、影响社会公共安全等非法行为。

国土部门负责在推进村庄土地整理中落实河道保护措施。

交通运输部门负责加强通航河道岸线保护,严格船舶管理和危险品运输管理。

农业部门负责加强河道湿地和堤防绿化管理,强化农业面源污染控制,优化养殖业布局,推进规模化畜禽养殖场粪便综合利用和污染治理,加强河道养殖管理;指导和协调辖区农业生态环境保护和建设及农业面源污染的防控与治理。

市容市政部门负责河道周边环境管理、整治及保洁工作。

渔业部门负责协同落实湖泊渔业养殖规划,开展湖泊渔业综合治理,合理控制湖泊围网养殖面积。

经济与信息化部门负责对辖区内工业企业进行行业产业政策相符性审查和生产许可准入;积极推进辖区内产业结构调整和优化升级,淘汰落后化工产能,以减少化工行业向河湖污染物排放量。

市、区住房与建设行政主管部门应当进一步完善城乡生活污水、垃圾集中处理等环境基础设施建设,切实提高城镇污水处理率和垃圾无害化集中处理率,加大垃圾处理和资源化利用力度,加强城市建成区黑臭水体整治工作。

7.1.4.4　环境税

《中华人民共和国环境保护税法》明确规定,税务机关依照《中华人民共和国税收征收管理法》和本法的有关规定征收管理,环境保护主管部门依照本法和有关环境保护法律法规的规定负责对污染物的监测管理。

作为环境税的主要责任部门,市县税务部门需要:1) 根据上级要求,对辖区内的分区内排放的污水、废气、固体废物、噪声等征收环境税。2) 根据实际需求,增加环境税种类,并在不同的生态功能分区征收环境税时有所侧重。对生态Ⅰ、Ⅱ级区来说,这两类地区的环境税应以生态保护、资源开发利用的税收政策为主,比如征收资源租金税、水资源税收、森林砍伐税、开采税,进一步细化生态保护税;生态Ⅲ、Ⅳ级区的税收政策应以污染物排放为主,比如征收废水、废气、垃圾污染税等[107],加强对流域重要资源生态修复税的征收工作[108]。3) 构建环境税信息共享制度,可与环保部门搭建环境税征收信息共享平台,构建信息共享机制,明确部门负责信息共享的人员、频次、方式、形式等,及时将纳税人的纳税申报、税款入库、减免税款、欠缴税款以及风险疑点等环境保护税涉税信息,定期交送环保部门,跨区的水生态功能分区还需要加强不同市县的生态补偿信息共享工作。4) 发现辖区内纳税人纳税申报异常或者纳税人未按规定期限办理纳税申报的,提请环保部门复核,并根据环保部门复核的数据资料及时调整纳税人的应纳税额。

作为环境税征收的重要力量,环境部门对辖区内的企业污染排放信息掌握比较全面,具有相应的监测设备和技术人才。所以,构建环境部门与税务部门之间的信息共享机制十分必要。因此,环保部门需要:1)和税务部门建立起定期信息交换机制,明确环境税信息共享的负责人员、方式、频次、形式等内容。跨区的水生态功能分区还需要加强不同市县的生态补偿信息共享工作。2)开展污染物监测管理,及时将辖区内排污单位的排污许可、污染物排放数据、环境违法和受行政处罚情况等环境保护相关信息定期交送地税部门。3)配合税务部门实施税务检查,完善涉税信息共享平台技术标准以及数据采集、存储、传输、查询和使用规范。4)做好纳税人的辅导培训及纳税咨询服务工作。5)及时处理和反馈地税部门的复核提请并出具复核意见。6)同税务等部门一起科学设计征收税率。

此外,宣传部、发改委、经信委、政府法制办等其他有关单位和部门应主动支持地税部门工作,确保环保税开征工作顺利。

7.2 土地利用空间管控实施路径

7.2.1 太湖流域土地利用现状及预测分析

7.2.1.1 太湖流域土地利用"三生空间"现状分析

土地资源作为我国发展的基础资源,一直以来都受到政府的高度重视。众所周知,太湖流域人口密集,土地的合理利用是制约太湖流域发展的重要因子。"三生空间"是指生态空间、生活空间和生产空间,对应土地利用的三种不同类型的用途[109]。其中,生态空间是指具有生态防护作用,对维护区域生态安全和可持续发展具有重要影响,能够提供生态服务和产品的地域空间,是人类生产和生活的保障,是必须严格管控和维护的区域。其可分成为两种区域形式:一是具备重要生态防护作用的地域空间,即防患和缓解自然灾害的作用,包括防风固沙、地质灾害防护、洪水调蓄、道路和河流防护等;二是具备重要生态服务作用的地域空间,如土壤保持、地下水补给、水源涵养、生物多样性保护等。应将区域自然板块面积大、生态服务功能高、生态适宜性好的山、林、水域、湿地等自然要素空间纳入生态空间,具体包括饮用水水源地、重要湿地、自然保护区、森林公园、河流水库控制区、风景名胜区等[110]。这些区域可统统纳入生态安全控制区。

生产空间是指以提供农产品、工业品和服务产品为主的地域空间,作为人们从事生产经营活动的场所,包括农业、工业与服务业生产空间,其中服务业生产空间常包含在城市生活空间中,可不再做具体划分;农业生产空间具体涵括耕地、林园地、草地等生产空间;工业生产空间包括工业生产空间及独立工矿区。在县域范围内进行研究,工业生产空间所占比例很小,重点以农业生产空间为主。

生活空间是人们日常生活活动所使用的场所,为人们的居住和公共活动提供必要的空间条件,主要包括城镇生活空间以及农村生活空间。其中,城镇生活空间包括城市与建制镇居民点、风景名胜、除农村道路之外的交通运输用地、水工建筑用地及水库水面;农村生活空间包括村庄用地与农村道路用地,农村道路之外的交通运输用地统一作为城市生活空间分类,可不再做具体拆分。在县域范围内进行研究,由于农村生活空间分布较为分散,对其研究侧重在居民点体系布局上,重点以建设用地较为集中的城镇生活空间为主。

根据"三生空间"的定义,研究将2020年太湖流域土地利用总体规划的功能分区划分为生态、生产、生活三大空间,其对应关系如表7-5所示,划分出的"三生空间"如图7-2所示。根据表7-6,将2020年太湖流域土地现状划分为对应的生态空间、生活空间和生产空间,"三生空间"范围如图7-3所示。

表 7－5　土地用途区分类与"三生空间"关系表

一级分类	二级分类	生产空间	生态空间	生活空间
基本农田集中区	/	生产空间	/	/
一般农业发展区	园地	生产空间	生态空间	/
	林地	生产空间	生态空间	/
	牧地	生产空间	生态空间	/
城镇村发展区	/	生产空间	/	生活空间
独立工矿区	/	生产空间	/	/
生态环境安全控制区	/	/	生态空间	/
自然与文化遗产保护区	/	/	生态空间	生活空间

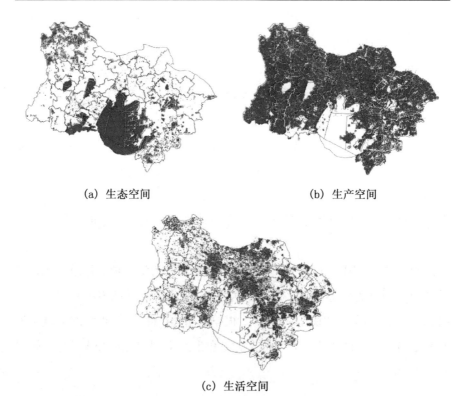

（a）生态空间　　　　　　　　　　（b）生产空间

（c）生活空间

图 7－2　2020 年太湖流域土地用途对应的"三生空间"

表 7-6　土地利用现状分类与"三生空间"关系表

编号	二级名称	名称	生产空间	生态空间	生活空间
11	水田	耕地	生产空间	/	/
12	旱地	耕地	生产空间	/	/
21	有林地	林地	生产空间	生态空间	/
22	灌木林	林地	生产空间	生态空间	/
23	疏林地	林地	生产空间	生态空间	/
24	其他林地	林地	生产空间	生态空间	/
31	高覆盖度草地	草地	生产空间	生态空间	/
32	中覆盖度草地	草地	生产空间	生态空间	/
33	低覆盖度草地	草地	生产空间	生态空间	/
41	河渠	水域	/	生态空间	/
42	湖泊	水域	/	生态空间	/
43	水库坑塘	水域	生产空间	生态空间	/
44	永久性冰川雪地	水域	/	生态空间	/
45	滩涂	水域	/	生态空间	/
46	滩地	水域	/	生态空间	/
51	城镇用地	城乡、工矿、居民用地	/	/	生活空间
52	农村居民点	城乡、工矿、居民用地	/	/	生活空间
53	其他建设用地	城乡、工矿、居民用地	生产空间	/	/
61	沙地	未利用土地	/	/	/
62	戈壁	未利用土地	/	/	/
63	盐碱地	未利用土地	/	/	/
64	沼泽地	未利用土地	/	生态空间	/
65	裸土地	未利用土地	/	/	/
66	裸岩石质地	未利用土地	/	/	/
67	其他	未利用土地	/	/	/
99	海洋	海洋	/	生态空间	/

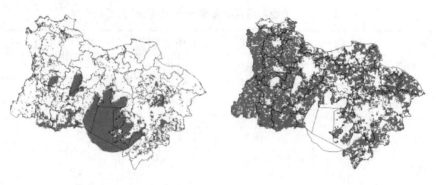

(a) 2020年土地利用生态空间　　　　(b) 2020年土地利用生产空间

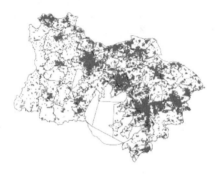

(c) 2020年土地利用生活空间

图 7‐3　2020 年太湖流域土地利用现状对应的"三生空间"

随后对图 7‐2 和图 7‐3 进行叠加分析可得到图 7‐4、图 7‐5、图 7‐6(附图),根据二者的重合程度,可以初步评估当前流域土地利用的合规性。

在图 7‐4 中,红色为 2020 年太湖流域土地用途分区划定的生产空间,绿色部分为 2020 年太湖流域土地利用现状中涉及生产空间的部分。当红色和绿色完全重合时,显示为蓝色,说明太湖流域土地利用完全符合规划要求;当显示红色时,说明该地区尚未作为生产空间;当显示绿色时,说明地区在土地利用中未能按照规划要求,将其他用途的土地用作了生产活动。根据图 7‐4 可以看到,生态Ⅰ‐02、Ⅰ‐03 等功能分区存在绿色的区域,说明这些水生态功能分区并未完全按照规划要求,侵占了其他用途的空间。

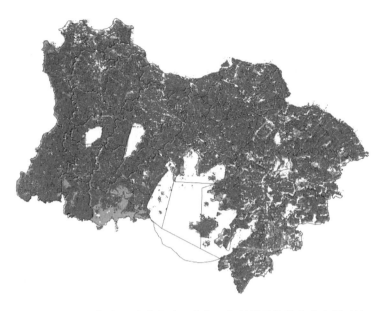

图 7‑4 2020 年太湖流域土地用途分区和利用现状的生产空间对比

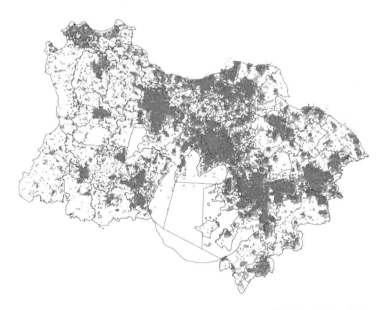

图 7‑5 2020 年太湖流域土地用途分区和利用现状的生活空间对比

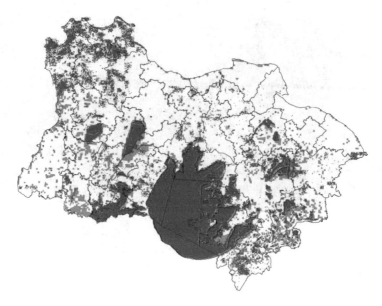

图 7-6 2020 年太湖流域土地用途分区和利用现状的生态空间对比

在图 7-5 中,红色为 2020 年太湖流域土地用途分区划定的生活空间,绿色部分为 2020 年太湖流域土地利用现状中涉及生活空间的部分,当红色和绿色重合时,用蓝色表示,说明太湖流域土地利用完全符合规划要求;当显示红色时,说明该地区当前尚未作为生活空间;当显示绿色时,说明地区在土地利用中未能按照规划要求,将其他用途的土地用作了生活场所。根据图 7-5 可以看到,当前土地利用中的生活空间和规划划定的生活空间基本一致。

在图 7-6 中,红色为 2020 年太湖流域土地用途分区划定的生态空间,绿色部分为 2020 年太湖流域土地利用现状中涉及生态空间的部分,当红色和灰色阴影完全重合时,用蓝色显示,说明太湖流域土地利用完全符合规划要求;当显示红色时,说明该地区并没有按照规划要求,对其进行生态保护;当显示绿色时,说明地区在土地利用中将其看作了生态区域进行保护。根据图 7-6 可以看到,生态 Ⅱ-01、Ⅱ-04、Ⅱ-05、Ⅱ-06、Ⅲ-02、Ⅲ-03、Ⅲ-18、Ⅳ-01、Ⅳ-13 等功能分区存在红色的区域,说明这些水生态功能分区并未完全按照规划要求对这些区域进行生态保护。

　　根据国务院给苏州、南京、无锡、常州、镇江五市的批复,苏州市北部地区要严格控制各类建设占用耕地,充分利用闲置土地和存量土地,提高土地集约利用水平,大力推进土地整治;中部地区要统筹各类建设用地需求,切实转变土地利用方式,加大存量用地盘活力度,严格控制中心城区和各类开发区(园区)的用地规模,优化用地结构和布局,强化节约集约用地;西部地区,要加大中低产田改造力度,建设高标准农田,稳步提升农业综合生产能力,合理布局各类建设用地,保护环太湖地区生态环境;南部地区要充分发挥环境优势,因地制宜发展特色农业,严格保护耕地特别是水田,坚持开发利用与保护整治相结合,保护水乡风貌特征和生态特色。

　　因此,苏州北部的Ⅲ-15、Ⅲ-16、Ⅳ-08、Ⅳ-09、Ⅳ-10、Ⅳ-11水生态功能分区应该以耕地保护为核心指标,同时提高建设用地的利用率,严禁控制建设用地占用耕地面积。中部的Ⅰ-04、Ⅲ-19、Ⅳ-12、Ⅳ-14、Ⅲ-17、Ⅱ-06水生态功能分区应该以建设用地为核心管控指标,优化用地结构和布局,强化节约集约用地。南部的Ⅲ-18、Ⅱ-04、Ⅳ-14、Ⅱ-05应以耕地为核心管控指标,发展特色农业,严格保护水田用地。

　　南京市中南部地区(高淳区)要加大农业生产投入,加强农田水利建设,改善农业生产条件,鼓励发展高附加值的都市型农业,严格工业准入门槛,提高工业用地集约利用水平,严格保护森林植被,改善生态环境;南部地区要推进土地整理复垦开发,通过存量建设用地内部挖潜,提高建设用地对经济社会发展的保障能力,协调好土地利用与生态环境建设,按照资源环境承载能力,统筹安排区域建设用地。

　　因此,南京南部(高淳区)的Ⅲ-05水生态功能分区应该以建设用地为核心管控指标,推进土地整理复垦开发,通过存量建设用地内部挖潜,统筹安排区域建设用地。

　　无锡市沿江地区要以节约集约用地为重点,控制新增建设用地规模,加大农业基础设施建设力度,提高耕地质量,加强生态保护建设;都市地区要合理安排中心城区土地利用,加大农村居民点整理力度,增加耕地面积,保留城镇组团间开阔绿色空间,改善城市生态环境;锡澄平原地区,要加大高标准农田建设力度,促进耕地特别是基本农田集中布局,加强存量建设用地内部挖潜,保护重要山体和河流水域周边具有生态服务功能的用地;环太湖地区要建设保护太湖的天然屏障,从严控制新增城乡建设用地规模,禁止威胁生态系统稳定的土地利用活动,适度发展观光农业;西南地区要严格土地用途管制,坚持土地资源的保护性开发,推广生态农业,引导园地集中布局,有效保障重点城镇建设和产业用地需求,严格控制人均城镇工矿用地标准。

因此,无锡市沿江的Ⅲ-08、Ⅳ-04水生态功能分区应该以建设用地、生态用地为核心管控指标,推进土地的集约使用,严格控制新增建设用地。都市地区的Ⅱ-03、Ⅲ-11、Ⅲ-12、Ⅲ-13水生态功能分区应该以耕地保护为核心管控指标,增加耕地面积,改善城市生态环境;锡澄平原地区要促进耕地特别是基本农田集中布局,加强存量建设用地内部挖潜,保护重要山体和河流水域周边具有生态服务功能的用地。环太湖地区的Ⅲ-07、Ⅰ-01、Ⅲ-10水生态功能分区应该以建设用地为核心管控指标,严格控制新增城乡建设用地规模。西南地区的Ⅳ-03、Ⅳ-05、Ⅳ-06、Ⅲ-14、Ⅲ-19水生态功能分区应该以城镇工矿用地为核心管控指标,引导园地集中布局,有效保障重点城镇建设和产业用地需求,严格控制人均城镇工矿用地标准。

镇江市北部地区要优化整合建设用地,控制人均城镇工矿用地,积极盘活存量建设用地,坚持节约集约用地,严格保护现有耕地;东部地区要进一步强化基本农田保护和质量建设,推进土地整理,提高农业生产能力,优化建设用地布局,引导经济和人口合理集聚,加强生态环境建设;西部地区要严格保护耕地特别是基本农田,加大土地整治力度,在符合生态环境保护的前提下,合理开发耕地后备资源,稳步推进工业化和城镇化,统筹土地资源利用与生态环境保护。同时,镇江市区要统筹协调京口区、润州区、镇江新区和丹徒区土地利用,新增建设用地优先保障中心城区用地需求,加大土地利用内涵挖潜,加快老城区改造,拓展城市空间,大力推进农村城镇化,促进建设用地的集约利用,适应城镇化和工业化进程,合理调整农用地结构和布局,促进农用地经营的市场化、规模化、高效化。

因此,镇江市北部地区的Ⅳ-01、Ⅲ-02水生态功能分区应该以建设用地、耕地为核心管控指标,盘活存量建设用地,坚持节约集约用地,严格保护现有耕地。东部地区的Ⅲ-03水生态功能分区应该以农田、建设用地、生态环境用地为核心管控指标,优化建设用地布局,加强生态环境建设。丹徒和丹阳地区的Ⅲ-01、Ⅱ-01水生态功能分区应该以建设用地、农田为核心管控指标,促进建设用地的集约利用,合理调整农用地结构和布局。

常州市东部地区要加大节约集约用地力度,严格人均城镇工矿用地标准,保留城镇间绿色开敞空间,加强沿江、沿海生态防护廊道建设,重点保护滆湖等湿地;中部地区要严格保护耕地和基本农田,推进农业现代化,合理调控建设用地供给的规模、布局和时序,促进建设用地集中布局,开展土地整治,改善农村生产生活条件;西部地区要加强中低产田改造,提高工业准入门槛,防治工业污染,保护天目湖等重要生态用地,恢复森林植被。

因此,常州东部地区的Ⅲ-08、Ⅲ-09、Ⅲ-12、Ⅳ-03、Ⅳ-02水生态功能分区应该以城镇工矿用地、生态用地为核心管控指标,加大节约集约用地力度,严格人均城镇工矿用地标准,保护滆湖等湿地。中部地区的Ⅰ-01、Ⅱ-02、Ⅲ-03、Ⅲ-04、Ⅲ-06水生态功能分区应该以耕地、建设用地为核心管控指标,保护耕地和基本农田,促进建设用地集中布局。西部地区的Ⅰ-02、Ⅱ-01、Ⅲ-05水生态功能分区应该以农田、林地为核心管控指标,恢复森林植被。

1996年,太湖流域水田面积12 371 km^2,建设用地6 603 km^2,水域面积5 551 km^2,分别各占流域面积的34％、18％、15％,而旱地与非耕地占比26％。与1986年相比,耕地和建设用地面积变化均十分明显。2000年,太湖流域耕地、未利用地呈减少趋势,建设用地、林地、草地、水域呈增加趋势,其中耕地面积的减少和建设用地的增加十分显著;主要转移方向包括耕地向建设用地转移、林地向草地转移、未利用地向林地转移、水田向水域转移等[111]。

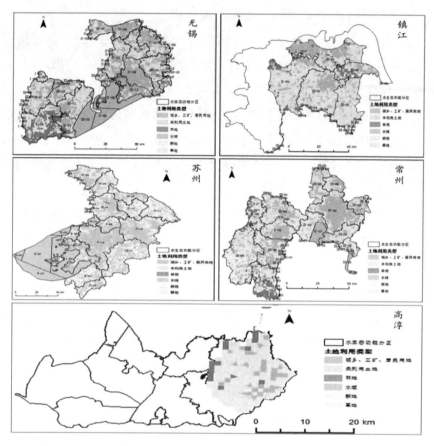

图 7-7 水生态功能分区土地利用现状

　　根据中国科学院资源环境科学和数据中心(http://www.resdc.cn/data.aspx? DATAID=98)公布的 2000 年、2005 年、2010 年、2015 年、2018年、2020 年土地利用现状遥感监测数据(分辨率 1 km×1 km,6 个一级类型:耕地、林地、草地、水域、居民地和未利用土地,25 个二级分类,如图 7-8所示),可以大概分析太湖流域 2000 年后土地利用类型变化状况。

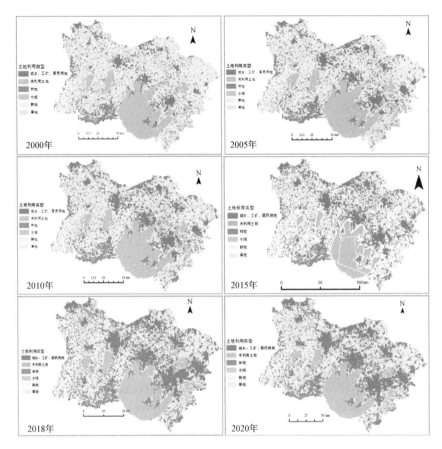

图 7 - 8　2000—2020 年太湖流域土地利用状况

　　总体来看,2000—2020 年太湖流域草地面积占比呈现增加趋势(图
7 - 9),从 2000 年的 0.15％上升到 2020 年的 0.19％,大约增加 8.2 平方千
米;城乡、工矿、居民用地面积占比呈现上升趋势,这和太湖流域工业发展、
人口增多有关;耕地面积占比呈现显著减小趋势,从 2000 年的 61.06％下
降到 2020 年的 44.81％,减少了大约 3 000 平方千米,这与地区占用耕地面
积及耕地集约化程度有关;相较来说,林地面积占比变化较小,总体保持在
5％左右。

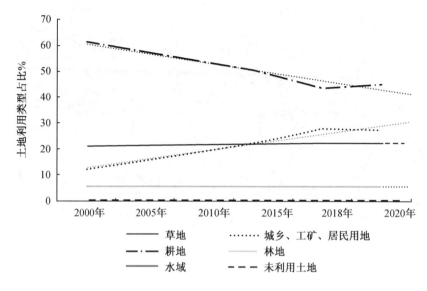

图 7 - 9　2000—2020 年太湖流域土地利用类型变化情况

7.2.1.2　太湖流域土地利用趋势及预测

目前对土地利用结构预测的方法很多,主要有回归模型灰色系统模型预测、Markov 模型等。但单一模型难以同时兼顾数量化模拟与空间动态的表达[112],并且针对目前太湖流域土地变化的预测研究较为缺乏。

为准确预测江苏省太湖流域近远期土地利用结构,本研究综合 CA(元胞自动机)模型能模拟复杂系统空间变化能力和 Markov 模型长期预测的优势,从时间和空间上模拟了江苏省太湖流域土地利用的变化情况,以期为土地利用管控提供理论支撑。

基于 2015 年和 2018 年太湖流域土地利用数据,研究利用 IDRISI 软件计算得到了 2015—2018 年太湖流域土地类型转换概率,如表 7 - 7 所示。结果显示,所有类土地均出现了转移的状况,在未利用土地中部分被转换成了耕地、林地和水域。

表 7 - 7　2015—2018 年土地利用类型转移概率

用地类型	耕地	林地	草地	水域	城乡、工况、居民用地	未利用土地
耕地	0.683 3	0.024 5	0.000 9	0.066 3	0.222 9	0.002 1
林地	0.237 8	0.629 0	0.004 7	0.034 5	0.082 3	0.011 8
草地	0.044 5	0.095 3	0.325 1	0.173 8	0.307 9	0.053 4
水域	0.123 3	0.011 4	0.003 8	0.808 0	0.052 6	0.001 0
城乡、工况、居民用地	0.293 3	0.017 6	0.000 9	0.043 0	0.644 6	0.000 6
未利用土地	0.354 0	0.211 0	0	0.279 8	0.155 2	0

基于 2018 年土地利用现状,研究同时利用 CA-Markov 模拟了 2021 年、2024 年太湖流域土地利用类型状况,如图 7 - 10 所示(附图)。每个水生态功能分区的情况见图 7 - 11。结果表明,在 2021 年和 2024 年,生态Ⅰ级区的大部分区域,主要包括城乡、工况、居民用地和耕地的占地面积均有所减小,水域和未利用土地将被进一步开发。生态Ⅱ级区的城乡、工况、居民用地和耕地占地面积也将减小,水域和未利用土地被进一步开发,部分区域如草地将被占用。生态Ⅲ、Ⅳ级区域也呈现相似的结果。这表明,未来太湖流域的建设、居住用地将更加集约化,用地效率更高,水域和未利用土地将被进一步开发。

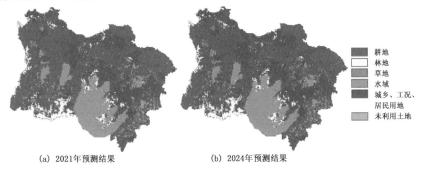

(a) 2021年预测结果　　　(b) 2024年预测结果

耕地
林地
草地
水域
城乡、工况、居民用地
未利用土地

图 7 - 10　2021 年、2024 年太湖流域土地利用类型预测结果

类型	草地		城乡、工矿、居民用地		耕地		林地		水域		未利用土地	
年份	2021—2020	2024—2021	2021—2020	2024—2021	2021—2020	2024—2021	2021—2020	2024—2021	2021—2020	2024—2021	2021—2020	2024—2021
I-01			—	—	—	—						
I-02									—	—		
I-03									—	—		
I-04			—									
I-05			—	—								
II-01			—	—			—					
II-02		—				—			—			
II-03					—	—	—	—			—	
II-04							—	—				
II-05									—	—		
II-06	—								—	—		
II-07									—	—		
II-08		—			—							
II-09	—						—		—	—		
II-10									—	—		
III-01			—	—		—	—					
III-02									—	—		
III-03			—									
III-04					—	—						
III-05	—				—							
III-06			—	—								
III-07									—	—		
III-08	—				—	—						
III-09			—							—		—
III-10							—	—				
III-11									—	—		
III-12					—	—						
III-13		—		—								
III-14			—		—	—						
III-15			—		—	—						
III-16			—		—	—						
III-17					—	—					—	
III-18			—		—	—					—	
III-19					—	—	—					
III-20			—	—			—					
IV-01			—	—					—			
IV-02					—	—			—	—		
IV-03					—	—						
IV-04					—	—						
IV-05			—									
IV-06				—	—		—					
IV-07					—	—	—					
IV-08			—	—								
IV-09	—								—			
IV-10			—	—								
IV-11					—	—						
IV-12				—	—				—			
IV-13					—	—					—	
IV-14	—						—	—	—		—	

图 7-11   水生态功能分区 2021 年和 2024 年土地覆盖变化情况

同时为说明模拟的精确性,研究基于 2015 年和 2018 年的数据模拟了 2020 年土地利用的数据,经过精确性检验可知,kappa 系数为 0.922 7,可信度较高,如图 7 - 12 所示(附图)。

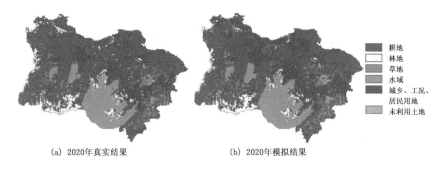

耕地
林地
草地
水域
城乡、工况、
居民用地
未利用土地

(a) 2020年真实结果　　　　　　　(b) 2020年模拟结果

图 7 - 12　2020 年太湖流域土地利用类型真实值和预测值对比

7.2.2　太湖流域土地利用管控手段

1. 用途管制手段

土地用途管制是国家为了保证土地资源的合理利用,通过编制土地利用规划、依法划定土地用途分区,确定土地使用限制条件,实行用途变更许可的一项强制性管理制度。当前,我国依据土地资源特点、社会经济发展需要和上级规划的要求,按照同一土地用途管制规则划分土地用途区,主要分为基本农田保护区、一般农地区、林业用地区、牧业用地区、城镇建设用地区、村镇建设用地区、村镇建设控制区、工矿用地区、风景旅游用地区、自然和人文景观保护区、其他用途区 11 种。根据苏州市、南京市、镇江市、无锡市、常州市 2006—2020 年土地利用总体规划图,研究绘制形成了 2020 年太湖流域土地利用功能分区图,如图 7 - 13 所示(附图)。

此外,土地用途管制手段规定,在对土地用途进行变更的时候必须由土地使用者提出书面申请,领取《土地用途变更许可证》。县区级政府根据地区发展情况,可向省政府提交土地利用规划调整方案,在得到省政府的批复后,可对辖区内的土地利用类型进行调整。比如,2020 年,江苏省政府批复

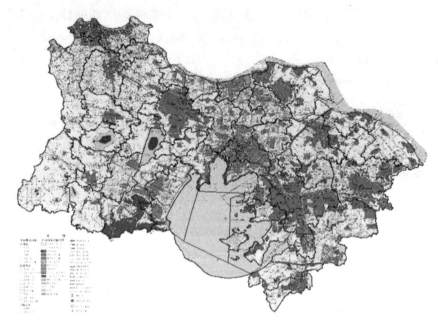

图 7－13　2020 年太湖流域土地利用分区图

了常州市天宁区土地利用总体规划修改方案,同意在天宁区土地利用总体规划(2006－2020 年)确定的耕地保有量和永久基本农田面积不减少、建设用地规模增加 61.482 5 公顷(省内增减挂钩节余指标流转增加建设用地规模指标 61.482 5 公顷)的前提下,将 19.336 1 公顷允许建设区调入限制建设区,32.196 9 公顷允许建设区调入有条件建设区;将 92.850 9 公顷限制建设区调入允许建设区,77.168 1 公顷限制建设区调入有条件建设区;将 20.164 6 公顷有条件建设区调入允许建设区,89.200 4 公顷有条件建设区调入限制建设区。用管制制度手段约束了各地对土地利用类型的随意更改,有效避免了各地区政府因利益“私自”改变土地利用类型的现象,对实现土地利用整理效率最大化、达到区域土地利用结构的最优化,协调“吃饭”与“建设”的矛盾、耕地和建设用地之间的矛盾,消除土地利用中不利的外部性影响,保护环境,实现土地的可持续利用具有重要意义。

2. 总体规划手段

土地利用规划是根据经济社会发展总目标,为合理开发利用土地资源,协调分配国民经济各部门用地,妥善安排各项建设工程用地而提出的合理组织土地利用的方案。根据规划的性质和目的,可分为土地利用总体规划、土地利用详细规划、土地利用专项规划等。我国一般土地利用总体规划的指导年限为 15 年。目前太湖流域行政区域土地利用总体规划的时间期限为 2006—2020 年。其中,省级层面有《江苏省生态红线区域保护规划》《江苏省林地保护利用规划(2010—2020 年)》等文件,市级层面的规划包括《苏州市土地利用总体规划(2006—2020 年)》《南京市土地利用总体规划(2006—2020 年)》《无锡市土地利用总体规划(2006—2020 年)》《镇江市土地利用总体规划(2006—2020 年)》《无锡市土地利用总体规划(2006—2020 年)》等文件;除此之外,江苏省太湖流域涉及的县区大部分都有县区级别的土地利用规划,比如《高淳区土地利用总体规划(2006—2020 年)》《武进区土地利用总体规划》《张家港市土地利用总体规划(2006—2020 年)》等。除此之外,涉及土地利用的规划还包括主体功能区规划、国民经济和社会发展规划、土地利用总体规划、城乡规划、生态环境保护规划。

表 7-8　江苏省太湖流域市级土地相关规划

地区	文件名称
苏州	《苏州市土地利用总体规划(2006—2020 年)》 《苏州市城市总体规划(2011—2020 年)》 《苏州市主体功能区实施意见》 《苏州市国民经济和社会发展第十三个五年规划纲要》 《苏州市"十三五"生态环境保护规划》
南京	《南京市土地利用总体规划(2006—2020 年)》 《南京市城市总体规划(2011—2020 年)》 《南京市主体功能区实施规划》 《南京市国民经济和社会发展第十三个五年规划纲要》 《南京市"十三五"生态环境保护规划》
无锡	《无锡市土地利用总体规划(2006—2020 年)》 《无锡市城市总体规划(2001—2020 年)》 《无锡市主体功能区实施计划》(2014—2020 年) 《无锡市国民经济和社会发展第十三个五年规划纲要》 《无锡市"十三五"生态环境保护规划》

（续表）

地区	文件名称
常州	《常州市土地利用总体规划(2006—2020 年)》 《常州市城市总体规划(2011—2020 年)》 《常州市主体功能区划》 《常州市国民经济和社会发展第十三个五年规划纲要》 《常州市"十三五"生态环境保护规划》
镇江	《镇江市土地利用总体规划(2006—2020 年)》 《镇江市城市总体规划(2002—2020 年)》 《镇江市主体功能区规划》 《镇江市国民经济和社会发展第十三个五年规划纲要》 《镇江市"十三五"生态环境保护规划》

3. 动态监测手段

为及时掌握土地利用及其时空动态变化状况,有效利用土地资源,发挥最佳利用效益,我国对土地利用实行动态监测。为实现对土地的动态监管,自然资源部建立了土地市场动态监测与监管系统(http://jcjg. mnr. gov. cn/index. htm? ReturnUrl＝%2f)。近年来,省国土资源厅借助互联网＋,利用云计算、大数据、物联网、移动互联、智能感知等最新信息技术,将江苏10.72 万平方公里国土资源全要素信息,汇集在"一张图"系统平台上。目前"一张图"系统平台已建成"慧眼守土"综合监管体系、"四全"服务模式和节约集约"双提升"行动数据监测系统,并已在全省范围内广泛应用。土地利用动态监测可保持数据现势性,为宏观调控提供依据,为规划信息系统及时反馈信息创造条件,为政府制定有效政策提供服务,为土地监察提供目标和依据。

4. 土地调控手段

当前,我国主要通过行政手段、经济手段、法律手段来加强土地调控。行政方面,我国实行土地用途管控制度,主要由土地利用规划、土地利用计划和土地用途变更管制组成[113]。其中,土地利用规划主要是以土地利用总体规划确定土地用途分区,是土地用途管制的基础;土地利用计划是对近期或年度土地利用活动进行具体的部署和安排,是土地利用总体规划的具体落实，也是建设用地审批的直接依据；而土地用途变更管制是目前我国土地用途管制的核心，以农转用审批为重点，由《土地管理法》《森林法》《草原法》《基本农田保护条例》等相关法律条款综合构成，对部分用地类型之间的转变进行了规定[114]。

　　法律手段是国家以立法的形式对土地市场进行规范，具有较强的约束力，对任何违法的单位和个人都可追究法律责任。而且法律手段具有较大的稳定性和反复操作性，可对非法买卖、倒卖土地、故意破坏耕地等违法行为进行追究。制度方面，江苏省颁布了《江苏省土地管理条例》、《江苏省湿地保护条例》等政策文件，进一步规范江苏省内土地的利用与管理。市级层面，苏州市、南京市制定了《苏州市湿地保护条例》《南京市林地管理条例》《南京市湿地保护条例》《南京市生态红线区域保护监督管理和考核暂行规定》等，同时常州市和无锡市在 2020 年的时候制定了《无锡市湿地保护条例》和《常州市湿地保护条例》，但目前尚未实施。太湖流域土地管理文件详见表 7‑9。

表 7‑9　江苏省太湖流域市级土地管理文件

地区	文件名称
苏州	《苏州市湿地保护条例》 《关于进一步规范全市湿地资源监管的通知》 《苏州市人民政府关于进一步加强土地管理规范市场秩序的意见》 《苏州市生态补偿条例》 《苏州市生态补偿条例实施细则》
南京	《南京市建设用地管理条例》 《南京市土地监察条例》 《南京市湿地保护条例》 《南京市林地管理条例》 《南京市生态红线区域保护监督管理和考核暂行规定》 《南京市生态保护补偿办法》宁政规字〔2016〕12 号
无锡	《无锡市湿地保护条例（送审稿）》 《无锡市生态补偿条例》

（续表）

地区	文件名称
常州	《常州市湿地保护条例（草案）》 《关于切实加强林地保护管理工作的通知》 《关于建立农业生态补偿机制的意见（试行）》
镇江	《镇江市人民政府关于进一步加强土地利用管理的意见》 《镇江市国有建设用地批后监管办法》 《镇江市主体功能区生态补偿资金管理办法（暂行）》

经济手段包括地租地价杠杆、财政杠杆、金融杠杆、税收杠杆等。经济手段在土地管理中可以克服行政和法律手段的一些不足，具有一定的灵活性和有效性，为了真正落实区域土地利用管理制度，政府在实施直接行政管理的基础上，积极采取价格、税收、利率、金融等经济杠杆来充分调控土地市场。具体体现在：1）运用经济政策调节和限制建设用地，以有效限制建设用地规模，使用地单位节约土地；2）完善筹资渠道、实现资金良性循环。

7.2.3 太湖流域土地管控中的问题

总体来说，目前行政手段、经济手段、生态手段和法律手段都能在一定程度上促进太湖流域土地空间的合理利用，但不可否认的是仍存在一些问题。

1."破碎化"管控现象严重

当前太湖流域市、县级政府已经颁布了相应的土地利用规划、计划，并能够根据要求，提交土地变更方案和申请，但不管是土地利用规划、计划还是土地变更申请均是以行政区域为单位进行，而对太湖流域49个水生态功能分区来说，大部分的水生态功能分区是跨区、县。比如，生态Ⅲ级区-03丹武重要生境维持—水质净化功能区，其涉及的行政区域包括镇江—丹阳、常州—新北区。在生态Ⅲ级区-03丹武重要生境维持—水质净化功能区的土地空间管控中，镇江市负责丹阳市，常州市负责新北区。这种因行政割裂而导致的土地管控"分割化"管理,导致功能分区空间管控效率低下。同样的问题存在于法律手段方面,大部分的法律、制度也是以行政区域为单位进行划分、考核的,因此,对于跨行政区域的水生态功能分区来说,如何打破行政界限,有效实现水生态环境功能分区的协调管理是当前流域水生态土地空间管控的关键。

2. 区域空间统一分类标准有待统一

《生态文明体制改革总体方案》要求:构建完整统一的用地分类体系,在此基础上形成统一的数据标准和信息平台,作为空间规划编制、实施管理的重要依据。但目前我国由政府出台的规划类型就有 80 余种,其中法定规划有 20 余种[115]。各部门往往根据自身工作的需要,对区域空间进行不同的分类,导致我国当前的规划体系庞杂紊乱,"各自为政"、"争当龙头"的现象严重[116]。比如,我国现行空间性规划地类体系主要分为:土地利用地类体系、城乡规划地类体系、其他部门地类体系三种[117]。土地利用地类分为:现状、规划两种,现状地类主要适用土地调查统计、审批供应、整治、执法评价等工作;规划地类主要适用土地利用规划编制与实施管理。城乡规划管理中,根据不同区域范围使用不同的地类标准,城市用地分类适用于城市、县人民政府所在的镇和其他具备条件的镇的总体规划、控制性详细规划的编制、用地管理工作。镇用地分类适用于其他镇总体规划、控制性详细规划的编制、用地管理工作。村庄规划用地分类适用于村庄规划编制、用地管理工作。风景区用地分类适用于国务院和地方各级政府审定公布的各类风景区规划编制、用地管理工作。其他部门地类体系还包括地理国情普查地类、林地分类、湿地分类。各部门的分类方法目标不同、标准不一,概念和内涵也存在较大差异,不利于对区域空间进行整体评估和统筹安排[118],而且这些标准在规划编制和管理的过程中存在管理要求缺乏协同、部门规划衔接困难和管理主体不清等问题,比如,涉及空间规划职能的部门建立了各自的地类体系,对于同一空间要素,调查统计、地类名称、表达形式和控制要求存在差异明显,造成口径不闭合,目标不统一,难以形成合力对用地进行管控[116,119]。

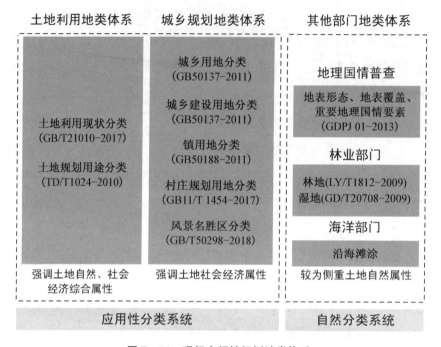

图 7-14　现行空间性规划地类体系

3. "多规合一"、"一张图"有待搭建、融合

现阶段,太湖流域政府在积极搭建多规合一平台:2014 年,南京就已经完成了"一张图"建设[120],并在 2016 年在全市推动"多规合一",工作伊始即建立了"自上而下"与"自下而上"相结合的工作组织和协调机制;2015 年,镇江市开始大力推进"多规合一",并在当年 5 月份完成市区城规、土规叠合分析,形成两规融合初步框架,7 月份完成城规绿线与环保部门的生态红线规划叠合分析,形成生态红线优化方案,并纳入"多规合一"平台;2018 年,无锡市发布了多规合一空间规划信息平台招标公告;同年,常州市印发了《常州市"多规合一"管理平台建设工作方案》,要求建设"多规合一"的管理平台,并在 2020 年 7 月份,召开了市国土空间规划委员会第一次会议,审议了《常州市国土空间规划委员会工作规则》《关于建立全市国土空间规划体系并监督实施的意见》《常州市国土空间总体规划(2020—

2035 年)编制工作方案》,同时,常州市也发布了自然资源和国土空间规划一张图数据整理采购公告;2020 年 8 月,镇江市国土空间规划"一张图"实施监督信息系统发布采购公告,当时预计在 2020 年底初步完成国土空间规划""一张图",2020 年 1 月,苏州市发布了国土空间基础信息平台和一张图实施监督信息系统项目招标公告。根据当时的进度,太湖流域在 2020 年底可基本完成市县国土空间总体规划编制,并初步形成全省国土空间开发保护"一张图"。

当前阶段,由于"多规合一"、"一张图"尚未形成,流域内的多规出现一些相互矛盾的现象。比如,镇江市的城规绿线和生态红线有 20 处省级自然生态保护区存在差异;城规和土规有冲突图斑约 6.3 万个;再比如,因为"多规合一"没有实行,导致太湖流域生态红线管控存在不合理的现象:江苏镇江润州工业园区紧邻运粮河洪水调蓄区外围、江苏金坛经济开发区紧邻丹金溧漕河(金坛市)洪水调蓄区等。因此,为了实现多规融合,解决这些冲突图斑、管控不合理的现象,市县政府必须进一步明确协调规则,确保"一张图"的可操作性和科学性。

4. 分级、分类管理有待强化

《江苏省水生态环境功能区划(试行)》将太湖流域划分了四类功能区:生态Ⅰ级区,水生态系统保持自然生态状态,具有健全的生态功能,需全面保护的区域;生态Ⅱ级区,水生态系统保持较好生态状态,具有较健全的生态功能,需重点保护的区域;生态Ⅲ级区,水生态系统保持一般生态状态,部分生态功能受到威胁,需重点修复的区域;生态Ⅳ级区,水生态系统保持较低生态状态,能发挥一定程度生态功能,需全面修复的区域,在这四类功能区可以根据功能区的定位采用不同的管控政策。国际上,日本就实行土地用途分区管制制度,即结合科学的土地用途分区规划,依据土地资源现状特性以及社会经济发展需要,对所有土地进行分区,不同分区都分别制定严格的土地管制制度[121]。在国内,香港也实行分类管理制度,通过划分多种生态功能区,不同的生态空间在土地利用方式、强度上制定差异化的管制制度,政府、社会组织、公民不同的利益主体之间协同管理,共同决策[122]。

7.2.4 太湖流域空间管控实施路径

1. 统筹规划,构建跨区域合作机制,打破土地管理"行政"边界

当前阶段,中国的行政管理体制决定了地市级管理执行者常局限于行政区划的界限及自身利益的考量,缺乏全局视野。当前太湖流域的土地管控条例、制度、规划均以行政区域为界限,以行政区域政府为主要责任人,对于跨区域的生态功能分区来说,生态功能区的整体管理由一个一个"破碎"的区域拼接而成,导致区域管理难以高效进行。因此,实现太湖流域空间管控的第一步是流域内地市级政府必须牢固树立"一盘棋"思想,从片区整体利益出发,清理各种地方保护主义政策、规划、标准,以减少各地方政府在土地管控政策、规划方面的差异,制定太湖流域土地利用规划、太湖流域土地利用管理条例、太湖流域土地管理办法,太湖流域空间管控目标责任制实施办法、生态补偿办法等流域性文件,构建统一标准,对流域土地资源进行统一管控与管理;其次,可以成立太湖流域空间管控综合协调机构或者由太湖管理局进行统筹安排,解决 49 个水生态环境功能分区内土地利用的各项事宜。跨区的水生态环境功能分区内部可构建空间管控联席会议制度,由水生态功能分区涉及的县、区级土地管理部门的领导轮流担任主席,定期开展土地管控交流,并进一步明确各方责任和参与人员,形成土地管控统筹联动长效机制。各生态功能分区的相关部门可以以功能分区为单位组建空间管控领导小组,其成员可由所涉行政区域的相关部门的人员组成。比如生态Ⅲ级区‐03丹武重要生境维持—水质净化功能区,涉及的行政区域包括镇江—丹阳、常州—新北区,其空间管控领导小组可由丹阳市与新北区土地管理部门、环保部门、水利部门、农业部门等机构的领导组成,组长可由丹阳或新北区的领导轮流担任。该领导小组可定期召开成员会议,不定期召开专题会议,协调区域空间管控实施工作,研究解决空间管控具体实施过程中遇到的难点问题等。此外,领导小组在召开会议时,可以相互介绍所在市的空

间管控经验,相互学习,共同提升空间管控水平和管控能力。

2. 提升空间分类标准的衔接性,统一分类标准

目前,各部门对区域空间的分类不同,分类体系也各不相同。这些分类方法目标不同、标准不一,概念和内涵也存在较大差异,不利于对区域空间进行整体评估和统筹安排。因此,推动"多规合一"规划的基础性工作,就是要对区域空间进行统一分类。在进行"多规合一"工作时,可以构建以土地利用功能为主导的分类体系,强调生态功能在分类体系中的作用,重视对生态用地的管控,将生态用地纳入土地利用分类体系,统筹生产、生活和生态用地空间与区域设施空间。首先,现有的城乡建设用地以城乡规划部门的用地分类标准为主,非建设用地以国土资源部门的用地分类标准为主,兼顾林业分类标准等。建设用地与非建设用地之间往往存在边界不重合、相互不协调等问题,因此要整合形成城乡统一的用地分类标准,对各类用地进行统一核算,杜绝传统规划对同一地块存在不同分类的问题。其次,需要加强土地分类标准的协调性、衔接性。由于"多规合一"面对的是包含城乡规划、土地利用规划、林业规划在内的几十种规划和用地分类标准,且各自有相对独立的体系,因此新的用地分类标准必须兼顾各个重要规划之间的相互关系。最后,需要确保标准的可操作性。要求对同一块用地可以清晰地进行分类和规划,每一个地块的分类和空间属性都能得到具体落实。用地分类划分标准应清晰、明确、便于执行,能充分反映规划的控制要求(目的),分类标准的制订要符合城乡发展的实际情况,遵循土地使用发展的客观规律,回应客体的合理诉求。

3. 提升规划衔接性,加快搭建"多规合一"、"一张图"系统

2019 年,《中共中央国务院关于建立国土空间规划体系并监督实施的若干意见》正式发布,要求到 2020 年基本建立国土空间规划体系,逐步建立"多规合一"的规划编制审批体系、实施监督体系、法规政策体系和技术标准体系;基本完成市县以上各级国土空间总体规划编制,初步形成全国国土空间开发保护"一张图"。虽然当前太湖流域五市已经在努力构建"多规合

一"、"一张图"平台,并在 2020 年底基本完成市县国土空间总体规划编制,初步形成全省国土空间开发保护"一张图"。但就当前而言,需要进一步加强规划的衔接性。一方面,促进常州、苏州、无锡、镇江、南京市级规划与县区级规划协同。另一方面,促进 2006—2020 年土地利用规划与 2020—2035 年土地利用规划的衔接,促进国民经济和社会发展规划、城乡规划、土地利用规划、生态环境保护规划等多个规划融合。同时,要明确不同区域的环境功能和需要严格保护的生态空间,避免城市化过程中功能区布局混乱、空间管理无序等对环境造成的破坏。划定城市空间增长边界、永久基本农田保护边界和产业园区界线,促进经济社会与环境保护协调发展是建立统一衔接、功能互补、相互协调的空间规划体系的重要基础。

4. 实施分区、分类管理政策

不同生态空间在生态功能重要性、土地利用现状情况、产业基础、区位等方面存在差异,在管制策略上也应有所区分。建议结合生态资源现状情况、总量目标等,实施生态空间分级管理,兼顾生态保护的刚性和未来城市发用地需求。同时,对于不同级、不同类的生态空间,按照"生态优先、兼顾发展、尊重产权、配套完善"的原则,制定差异化的总量控制、规划管控、产业引导策略。对于重要、敏感的生态功能区,如作为底线区的生态红线内,除为开展环境保护和修复所必须的公共服务和基础配套设施以外,严格限制新增建设,现状建筑物、构筑物应逐步清退;对于一般生态功能区,可适度发展与环境相容的运动休闲、科普教育等设施,在保证生态质量不下降的前提下,实现生态效益、经济效益、社会效益、文化效益等综合效益的最大化。此外,为加强规划融合,建议将重要、敏感的生态功能区以立法形式明确范围,作为其他类型规划编制的前提,避免开发性规划突破重要生态功能区。针对太湖流域的四级功能分区也可实行差别化的管理政策。比如生态I级区,政府的政策应以生态环境保护为主,一方面严格产业准入政策,从源头把控污染源;另一方面,慎重审批土地利用申请,尤其是影响到生态红线区域的申请。而在生态IV级区,政府的工作应以生态修复为主,政府可以提供宽松的环保产业政策,促进环保产业的发展,同时,开创多元化的环境治理、修复市场体系,让环保企业参与到太湖生态环境保护的工作中来。

此外,对于林地面积不达标的区域,一方面加强林地保护,严守林地保有量生态红线,强化林地征占用管理、严格行政审批,加强对征占用林地行政许可的前置审查工作,合理规划,科学使用林地;另一方面,应该严格实行退耕还林的政策,加强对临时征占用林地的恢复监管,对项目使用后被破坏的林地进行修复复绿或通过造林绿化新增林地面积[123],提升林地面积的占比。对于湿地面积不达标的区域,应该加强领导、加大宣传力度、加强湿地建设、加强湿地保护,科学有序地开发利用、统筹规划,湿地建设保护要与水利兴修等项目结合[124]、降低湿地的开发和生产强度、进一步完善湿地保护管理制度[125],切实提高湿地面积的占比。

7.3　物种保护实施路径

7.3.1　国外物种保护现状

1. 北美的物种保护

众所周知,北美区域内河湖众多,且有世界最大的淡水湖群:苏必利尔湖、休伦湖、密歇根湖、伊利湖和安大略湖。多样的地形与气候为生活在北美的鱼类、蚌类、鳌虾等生物提供了优渥的生存条件。但不幸的是,从 19 世纪以来,北美的淡水环境正面临着巨大的威胁:河流改道,栖息地退化、分割,外来物种的入侵及土地利用类型变化,这些因素导致生活在北美的物种和种群数量急剧下降。

以鳌虾为例,北美洲的鳌虾主要存在于溪流、湖泊、湿地、地下洞穴、泉水等各类型的水生态系统中。目前全世界范围内已知的鳌虾种和亚种共506 种,而北美就有 393 种。但在 1996 年,Taylor 发现北美地区有 162 种鳌虾物种属于危险状态,并且有 2 种已经灭绝,同时,北美鳌虾的分布区域也变得单一。再比如生活在北美洲的虹鳟鱼,虹鳟鱼是溯河产卵鱼类中适应性最强的一类,但北美地区的虹鳟鱼数量却急剧减少,除北海岸外,其他州的虹鳟鱼均被列为受威胁鱼类。

为了遏制北美生态环境破坏,保护濒危物种,北美国家先后颁布了多部法律。比如美国,1972 年美国颁布《濒危物种法案》,1973 年 3 月,以美国为代表的 21 个国家在华盛顿签署《濒危动植物国际贸易公约》,同年 12 月,《濒危物种法案》正式上升成为物种保护法律,该法律就濒危物种保护中的实施机构、列名单制度、危险制度、夺取违法制度、栖息地保护方案制度和公民诉讼制度[126]等方面进行了规定。面世至今,这部全球最重要的物种保护法至少保护了 1 600 种生物。《濒危物种法案》规定的栖息地保护制度规定,一旦某一物种被列入濒危物种名录,那么政府就会根据法律的要求对该物种的重要栖息地进行识别和认定,防止私有土地主对已经识别和认定的重要栖息地进行破坏,从而实现对栖息地划区划片地针对性保护[126]。此外,该法案规定国家还可通过建立国家公园,划分国家森林、自然保护区、野生动物保护区等方式来限制或禁止人们的地区生产经营性活动,从而为野生动物创造良好的生存环境。除上述法律法规外,美国联邦政府还颁布了《赛克斯法案》《岸堤资源法案》《荒野保护法》《湿地保育法》等用于野生动植物的保护。

物种保护离不开公众的力量,美国实行的野生动物保护志愿者参与制度更能充分发挥社会的力量。此外,作为保护物种的重要力量,相关的专家们也是建言献策,进一步推动了联邦政府立法,将脆弱的生态系统确定为自然保护区域。政府部门也是逐渐加大了物种保护的研究力度和投资力度。并且通过教育、监督与地方执法等相结合手段,进一步保护了野生动物。

2. 欧洲的物种保护

从 20 世纪以来,欧洲许多物种都受到了过度开发、迫害和外来入侵物种的影响,这导致欧洲许多生物的栖息地遭到破坏。随着野生生物数量和种类逐渐减少,人们越来越认识到野生动物保护的必要性。于是在 1979 年 9 月 19 日,多个国家在伯尔尼正式签署了《保护欧洲野生动物与自然栖息地公约》(*Conventionon the Conservation of European Wildlife and Natural Habitats*),该条约希望通过限制野生物种的获取和开发来规范物种保护。且截止到 2015 年,已经有包括欧洲理事会所有成员国(圣马力诺和俄罗斯除外)以及欧洲联盟、布基纳法索、摩洛哥、突尼斯和塞内加尔等 51 个国家或地区签署了该条约。《保护欧洲野生动物与自然栖息地公约》是第一个旨在保护野生动植物物种及其自然栖息地、加强缔约方之间的合作并规范这些物种(包括迁徙物种)的栖息地开发的国际文书。公约的主要条款包括建立保护区、保护繁殖和休息场所以及管制野生物种的打扰、捕获、猎杀和贸易。

1998 年,欧洲委员会通过了《关于共同体生物多样性战略》,规定了欧盟国家要保护和持续利用生物多样性、分享利用遗传资源所产生的利益、研究、鉴定、监测和信息交换、教育、培训和提高公众的保护意识四项主要内容。通过该战略,欧盟加强了自己在寻求生物多样性解决办法的主体地位。

目前,欧盟自然环境中存在 1.2 万多个外来物种,其中 15% 具有入侵性,并且数量在迅速增加。为此,欧盟委员会提出需要建立欧盟层面的外来入侵物种名单,并采取措施预防这些物种进入欧盟;其次,要建立早期预警和及时应对机制,一旦发现外来入侵物种,要立即采取措施消灭;最后,针对一些已经大范围扩散的外来物种,将采取措施减少其危害。

总体来看,欧盟在野生动物保护方面已经具备了完善的法律体系,尤其在区域合作方面更值得我们学习。

3. 日本的物种保护

日本在物种保护方面也是有着惨痛的教训。众所周知,日本人对鸟类保护有加,但是因为遭到滥捕滥杀及栖息地环境破坏[127],日本的珍稀鸟类——朱鹮灭绝了。朱鹮又被称为日本凤头,因长得美丽动人且极为珍稀而被日本称为"梦幻之鸟"。但是在 1981 年,日本政府正式宣布日本野生朱鹮灭绝。

比朱鹮稍幸运的是日本鳗鲡。鳗鲡是一道传统日本的美食,因滋味鲜美而备受日本人的青睐,但从 1980 年开始,由于栖息地丧失、过度捕捞、污染、迁移障碍、洋流改变等因素的影响,日本鳗鲡的种群衰退不断加剧,数量急剧减少。2013 年,日本发布的第四次濒危物种目录中将日本鳗列为"濒危灭绝种 IB 类",2016 年,IUCN 将鳗鲡列入红色濒危物种目录。为吸取日本朱鹮灭绝的惨痛教训,日本决定建立大规模的鳗鲡繁育系统。虽然现在可以人工培育鳗鲡的玻璃鳗幼体[128],但尚未攻克玻璃鳗幼体饵料的难题,因此人工育成的幼苗成活率低,活性弱,尚无法实现产业化生产,给日本鳗鲡市场受到巨大的冲击。

随着日本部分生物数量的急剧下降,人们意识到物种保护迫在眉睫,于是在日本生物多样性及物种保存越来越受到关注。1993 年,日本正式实行《濒危野生动植物种保存法》(即《物种保存法》),将花纹猫头鹰、津岛山猫等62 种动物为珍稀动物,并禁止、限制捕获、转让和进口。2005 年,日本颁布《外来入侵物种法》,2008 年、2010 年又先后颁布了《生物多样性基本法》和《生物多样性公约》。随着社会的发展,在 2013 的时候,日本政府对《外来入侵物种法》和《濒危野生动植物种保存法》两部法律进行了修订。相较于2005 版的《外来入侵物种法》,修订后的《外来入侵物种法》将特定外来入侵物种之间,以及特定外来入侵物种与原有品种之间的杂交物种,也归为"外来入侵物种"。例如,罗猴与日本猿的杂交物种在修订后的《外来入侵物种法》中也被看作管制对象;同时,该法律还规定当进口物资中混有特定外来入侵物种,进口者需要采取消毒等措施。修订后《外来入侵物种法》进一步扩大了国家行政命令的对象,并对规制进行了强化。日本颁布的《濒危野生动植物种保存法》其目的在于保护濒临灭绝的野生物种。不过,由于稀有野生物种的交易额非常高,而且惩罚规定比较宽松,因此恶性违法交易并未断绝。修改后的《濒危野生动植物种保存法》大幅提高了违法销售转卖惩罚规定的上限。对于个人,从之前的 1 年以下有期徒刑或 100 万日元以下罚款,提高到了 5 年以下有期徒刑或 500 万日元以下罚款;对于法人,从 100 万日元以下罚款提高到了 1 亿日元以下罚款,并追加了施行 3 年后进行调整的规定。

随着野生动物保护体系的逐渐完善,日本野生动物受到了很好的法律保护。以鸟类保护为例,日本国家野生动物保护法规定,对于绿头鸭、红嘴鸥等野生鸟类,无论是这些候鸟还是像麻雀、大嘴乌鸦等留鸟,没有环保主管部门的批准,即便科学研究需要也不能够任意捕获和采集,而且每次申请捕获野生动物时,对采集时间期限、地点、数量、性别以及采集工具等都有严格的要求和说明,效果也显而易见,相较于 25 年前,现有鸭川河的水禽数量和种类均增加[129]。

根据以上的分析不难看出,欧美、日本等发达国家在野生动植物的保护方面已经相对成熟,具有完善的法律体系和成熟的保护、管理机制。这其中,有大量的经验可供我们学习参考。

7.3.2　太湖流域物种保护分阶段目标

太湖是我国第三大淡水湖泊,温和湿润的气候与四通八达的水系为流域生物的生活提供了良好的生存环境。随着国家对太湖流域从水质管理向水生态管理的转变,单纯的水质指标已经不能反映现有的水生态系统的健康保护。

2018 年国务院发布《国务院办公厅关于加强长江水生生物保护工作的意见》(国办发〔2018〕95 号),要求加强长江水生生物保护工作,并提出长江物种保护的主要目标:"到 2020 年,长江流域重点水域实现常年禁捕,水生生物保护区建设和监管能力显著提升,保护功能充分发挥,重要栖息地得到有效保护,关键生境修复取得实质性进展,水生生物资源恢复性增长,水域生态环境恶化和水生生物多样性下降趋势基本遏制。到 2035 年,长江流域生态环境明显改善,水生生物栖息生境得到全面保护,水生生物资源显著增长,水域生态功能有效恢复。"

作为江苏省的第一大湖,太湖流域的生态环境保护也是江苏省政府一直关注的重点。到目前为止,江苏省颁布了《江苏生态省建设规划纲要》《关于推进绿色江苏建设的决定》《关于推进生态文明建设工程的行动计划》《江苏省生态文明建设规划》《关于推进生态文明建设工程率先建成全国生态文明建设示范区的意见》《江苏省生态红线区域保护规划》等一系列政策文件,出台了《江苏省环境保护条例》《江苏省海洋环境保护条例》《江苏省渔业管理条例》《江苏省太湖水污染防治条例》《江苏省野生动物保护条例》等地方性法规和规章。除此外,在地市级层面,南京颁布了《南京市生物多样性保护规划》、苏州颁布了《苏州市 2019 年生物多样性保护实施方案》、无锡出台了《无锡城市生物多样性保护规划》等。"十二五"期间,有学者根据自身调查及走访数据,同时结合江苏省淡水水产研究所、中国水产科学研究院渔业中心、中科院南京地湖所等单位积累的数据,识别出了太湖流域(江苏)重点保护物种与分级状况[130](表 7 - 10)。2016 年,江苏省政府正式通过《太湖流域水生态环境功能区划》,《区划》根据流域珍稀濒危物种分布,不同水质、水生态系统的特有种与敏感指示物种等研究成果制定了各功能分区在 2030 年的物种保护目标。

表 7 - 10　重点保护物种分级及重要物种识别

类别	名单	评价标准
保护物种 Ⅰ (珍稀濒危物种)	白鲟、中华鲟、胭脂鱼、松江鲈、江豚、白暨、花鳗鲡	中国濒危动物红皮书、国家重点保护野生动物名录等
	日本鳗鲡、鲥鱼、大黄鱼铜鱼(限长江干流)、鳊(限长江干流)	江苏省重点保护水生野生动物名录
保护物种 Ⅱ	长身鳜、鳡、鯮、唇、亮银鮈、小口小鳔鮈、花斑副沙鳅、中华花鳅、圆尾拟鲿、中国花鲈、小黄黝鱼	近 5 年来各类系统调查数据及渔业走访未发现物种
保护物种 Ⅲ	尖头鲌、黄尾鲴、细鳞鲴、华鳈、须鳗虾虎鱼、圆尾斗鱼、斑鳜、短吻间银鱼	近 10 年来数量急剧减少或现存量极少物种
特有物种	似刺鳊鮈、翘嘴鲌、红鳍原鲌、湖鲚、秀丽白虾	调研数据
指示物种	麦穗鱼、黑鳍鳈、日本沼虾、河蚬、长角涵螺、蜻蜓目	
经济物种	湖鲚、大银鱼、陈氏短吻银鱼、鲫、暗纹东方鲀、蒙古鲌、红鳍原鲌、秀丽白虾	

　　湖泊演化分为两个阶段,原生演替和次生演替。原生演替使湖泊逐渐演变成为陆地,而次生演替则是在人类或外界的干扰下形成该区域的顶级群落。人为或外界因素的干扰,可在湖泊形成的各个阶段发生,使湖泊原生演化终止步入次生演替阶段,甚至不出现原生演替而直接进入次生演替。次生演替的轨迹本与原生演替轨迹重合,只不过是对原生演替的相关内容做以加减速的处理。在湖泊演替的某一阶段,动植物的种类往往不是单一的,同类之间、不同类之间存在着对于生态因子的竞争,这种竞争往往是获利竞争,即优胜劣汰。竞争的存在使生活在其中的动植物不断进化,以适应各种环境。入侵的物种可能缺乏天敌而不断发展,掠夺营养,改变湖泊微环境,导致其他物种迅速应对,适者生存。这些变化促使湖泊向前发展,进入新的阶段。人类活动可以改变湖泊的结构,加速或者减缓其演化的进程,通过围垦手段,湖泊变成桑田,面积缩减;通过造陆,湖泊变成陆地;人类可以改变其内部环境,如向湖泊排放大量生活污水或者工业废水,使湖泊的水质发生改变,人类通过修建水利工程,使湖泊与外界联系减少,引起湖泊内部环境变化,导致物种改变。人类通过捕鱼或者养殖,改变湖内物种结构,人类通过疏浚工程,清除底泥,使湖泊湖底变深,增加物种栖息空间和安全航运。当然,人类可以通过各种活动,使湖泊发生各种各样的变化,但最终的结果往往导致湖泊生态系统的改变,使湖泊演化[131]。

　　因此,想要达到 2030 年物种保护的目标,就必须要构建稳定、健康的生态系统。但近年来,因为环境污染及人类干预,太湖流域的生态系统遭到严重破坏:太湖流域物种、群落或系统结构改变、生物多样性减少。想要保护物种、恢复生态环境就必须再造一个自然群落或再造一个自我维持并保持后代具有持续性的群落,即保证保护物种所在的群落能够正常演替。一般而言,群落的演替可分为 4 个过程:更新—积累—过渡—平稳。保护物种要想达到 2030 年的保护目标,必须经过这四个阶段。同时,研究发现,生态系统的波动会影响到生态系统的演替变化,可以促进或阻碍一个群落被另一个群落代替。对于生态系统来说,波动可在 1—3 年内实现,因为逐年的变化方向常常不同,一般不发生新种的定向更替。

本研究为遵循群落演替的规律,依据"先恢复群落基本结构,再逐步增加物种多样性"的原则,以3年为单位,划分每个阶段的物种保护目标。

首先,第一个阶段,即2021—2023年,这类水生态功能分区的工作目标应该以维持现有水生态物种保护目标为基础,以保持各功能分区现有底栖敏感种、鱼类敏感种及保护物种的种类、数量不减少为目标。在此基础上,开展物种繁衍水文需求、栖息地特征分析、人工繁殖技术、分子生物学等研究工作,开展珍稀土著鱼类增殖放流、物种繁殖监测工作,进行水生态环境质量监测,维持并改善水生态功能分区的水生态环境质量,为第二阶段提供基础。

第二个阶段,即2024—2026年。该阶段各类功能分区应以2030年物种保护目标为参考,积极开展2030年部分底栖敏感种、鱼类敏感种和保护物种的保护工作,使该阶段各区域的物种种类逐渐向2030年保护物种种类靠近。这时期,政府可根据物种繁衍的水文需求、栖息地需求的分析结果,逐步改善水环境质量,使各水生态环境功能分区满足保护物种生存、繁衍的条件。同时,在第一阶段基础上定期开展水生态环境质量监测,持续开展保护物种增殖放流、物种繁殖监测工作,为2030年的保护物种的数量持续上升奠定基础。

第三阶段,即2027—2030年。该阶段的物种保护应以可监测到2030年物种保护目标并维持其数量稳定为目标。在第二阶段的基础上,观察保护,使保护物种的种类和数量保持稳定。针对濒危的、靠自然条件难以繁殖、生存的物种,仍然应开展物种增殖放流、物种繁殖监测工作,定期监测其生存环境、生活状态,为物种生存、繁衍提供良好环境。

表7-11 太湖流域物种保护分阶段目标

时间段	阶段	物种保护目标
2020—2023	更新	维持2020年物种保护目标生存环境的稳定,在保证物种数量稳定的情况下,持续改善水质。同时,对标2030年物种保护目标,构建其生存、繁衍必须的条件,引入新的保护物种

时间段	阶段	物种保护目标
2024—2026	积累—过渡	在前一阶段的基础上,维持新物种生存、繁衍的环境,使其能够在新的环境中存活下来,并保持物种数量持续增长
2027—2030	平稳	维持物种种类和数量的稳定

7.3.3　太湖流域物种保护实施路径

目标责任制在我国政府管理过程中扮演者重要的角色,有利于明确责任主体和时限、激发地方干部的群体性动力、促进地方政府之间的竞争[132]。为强化太湖流域的生物物种保护,恢复并提升流域整体的生物多样性与生态系统服务功能,确保太湖流域水生态环境功能分区完成 2030 年的物种保护目标,需进一步落实目标责任制,明确各部门关于物种保护的切实职责。本研究基于《太湖流域水生态环境功能区划》《江苏省野生动物保护条例》和政府部门职责有关规定制定太湖流域各部门物种保护的目标责任与未履行责任或明确违反物种保护的部门的责任追究办法,通过建立目标责任、惩罚机制,使各部门目标明确、责任清楚、惩罚分明,见表 7 - 12。以下构建的物种保护目标适用于物种保护部门,物种保护目标的责任实施对象为各市县物种保护部门的负责人。

表 7 - 12　太湖流域物种保护分阶段目标

部门	职责
市县两级人民政府	构建跨区域的、跨部门的物种保护合作机制,定期组织相关区域、相关部门交流,沟通(每年≥2 次)。
海洋与渔业管理部门	具有年度切实可行的物种保护规划及目标;开展水生生物增殖放流、实行禁渔区和禁渔期制度;每年至少一次监测、分析水生生物的数量、分布、结构、栖息地等情况;建立并更新保护物种及栖息地档案;定期开展物种保护宣传活动。

部门	职责
水生动物卫生与监督机构	定期开展野生动物疫情防治、排查工作；定期开展野生动物疫情防治宣传工作，加强疫情防治工作
环境保护主管部门	要制定年度污染物减排量，消减入湖污染物量；定期对污染河流进行治理，为物种生存、繁衍提供良好的条件；辖区内建设在自然保护区，或对相关自然保护区域、野生动物迁徙洄游通道产生影响的项目100%进行野生动物生存环境影响评价；辖区内排污企业100%取得排污许可证，且合法排污
水行政主管部门	要制定年度水生态修复规划或计划，并组织实施；定期对河湖的生态环境进行监测，掌握河流生态健康状况；定期采取水生动植物恢复、水源补充、水体交换、减少污染源等措施，改善水生态环境质量
交通行政主管部门	要减少船舶污染，所有涉及渔业水域的港口、锚地建设和航道疏浚等工程100%采取防护或者补救措施
工商行政主管部门	打击野生动物偷猎行为，定期对集贸市场的水生野生动物及其产品进行监督、管理，并定期进行检查；定期开展合法售卖野生动物的宣传工作
经济与信息化行政主管部门	积极推进产业结构调整、产业升级优化工作，淘汰三高企业
公安部门	打击违法犯罪活动，定期对违法售卖野生动物的个人或单位进行处罚
住建部门	提高城乡污水处理率，完成上级部门下达的目标

此外，为了进一步督促地区的物种保护工作，需制定不履行物种保护的责任追究制度，责任追究制度的实施对象为各市县单位和相关人员。当各级物种保护部门的负责人在物种保护中出现不履行法定职责或破坏物种多样性行为的应当追究责任。对领导班子集体责任追究，情节较轻的，责令限期进行整改；情节较重的，给予通报批评，约谈部门负责人；情节特别严重的，可对领导班子进行改组。对领导班子集体责任追究时，应当分清集体责任和个人责任。

在责任追究实施方面，上一级的人民政府及者物种保护部门应该建立责任追究组织协调机制。畅通信访举报渠道，定期沟通情况，确保责任追究有序实施。同时应建立问责交办机制：市、县人民政府对检查发现、信访举报和有关部门移送的问题线索，需要追究责任的，由相关部门按照职责、权限和时限进行调查处理。监管部门和组织人事等相关部门接到物种保护责任追究建议后，应当及时进行调查核实，做出追究责任决定。责任追究决定书，应当自做出之日起按相关规定时限送达被追究对象及其所在单位。有关部门和单位办理责任追究事项的结果，应当在办理完毕后及时向有关部门上报，并将处理结果通报后报本级人民政府备案。对没有正当理由逾期不办的，追究有关人员的责任。

参考文献

［1］黄艺,蔡佳亮,郑维爽,周丰,郭怀成.流域水生态功能分区以及区划方法的研究进展［J］.生态学杂志,2009,28(03):542-548.

［2］OMERNIK J M, BAILEY R G. Distinguishing between watersheds and ecoregions ［J］. Journal of the American Water Resources Association，1997，33(5)：935-949.

［3］谢东明.基于生态效益理念的我国企业环境绩效管理研究［J］.财政研究,2012,(11):28-31.

［4］曹国志,王金南,曹东,曹颖.关于政府环境绩效管理的思考［J］.中国人口·资源与环境,2010,20(S2):215-218.

［5］董战峰,吴琼,李红祥,葛察忠,王慧杰.我国环境绩效评估制度建设的六大关键问题［J］.环境保护与循环经济,2013,33(09):4-11.

［6］田霞.国内外公共政策绩效评估比较研究［J］.会计之友(中旬刊),2009,(06):97-98.

［7］张军莉,严谷芬.我国宏观区域环境绩效评估研究进展［J］.环境保护与循环经济,2015,35(04):64-69.

［8］邱凉,罗小勇,李斐,徐嘉.水功能区考核指标体系研究初探［J］.能源环境保护,2012,26(04):55-58.

［9］孙庆凯,王小君,王怡,张义志,刘曌,和敬涵.基于多智能体 Nash-Q 强化学习的综合能源市场交易优化决策［J］.电力系统自动化,2021,45(16):124-133.

［10］思蓉蓉.关系治理机制对买方环境绩效的影响研究:绿色供应商整合的中介作用[D].西安:西安理工大学,2018.

［11］SINGH R K，MURTY H R＜ GUPTA S K，DIKSHIT A K. An overview of sustainability assessment methodologies［J］. Ecological indicators：Integrating，monitoring，assessment and management，2012.

［12］孟伟,张远,张楠,蔡满堂,黄艺.流域水生态功能区概念、特点与实施策略[J].环境科学研究,2013,26(05):465－471.

［13］李博,孟庆庆,赵然,王丽娜.基于水生态功能分区的流域水环境监测与评价研究[J].环境科学与管理,2017,42(12):110－113.

［14］魏冉,李法云,谯兴国,王金龙,吕纯剑.辽宁北部典型流域水生态功能区水生态安全评价[J].气象与环境学报,2014,30(03):106－112.

［15］衣俊琪.辽北地区典型河流水生态功能区水生态系统健康评价[J].中国农村水利水电,2014,(08):67－72.

［16］张志明,高俊峰,闫人华.基于水生态功能区的巢湖环湖带生态服务功能评价[J].长江流域资源与环境,2015,24(07):1110－1118.

［17］龚雪平.黑河流域水质与水生态环境分区评价[D]:兰州大学,2012.

［18］何哲,桂居铎,于宁,吴丹,刘仕杰,刘强.基于主成分分析—熵权—相关性分析法的水生态功能及驱动因子综合评价[J].中国农学通报,2014,30(26):178－183.

［19］高永年,高俊峰,许妍.太湖流域水生态功能区土地利用变化的景观生态风险效应[J].自然资源学报,2010,25(07):1088－1096.

［20］褚克坚,仇凯峰,贾永志,叶桂阳,华祖林.长江下游丘陵库群河网地区城市水生态文明评价指标体系研究[J].四川环境,2015,34(06):44－51.

［21］徐祖信.我国河流综合水质标识指数评价方法研究[J].同济大学学报(自然科学版),2005,(04):482－488.

［22］涂俊.基于GIS技术的长江下游水功能区水质评价研究[D]:华东师范大学,2014.

[23] 刘成,涂敏,苏海.模糊数学评价法在长江流域重点水功能区水质评价中的应用[C].中国水利学会青年科技工作委员会,2007.

[24] 刘发根,郭玉银.一种水功能区水质达标评价的新方法[J].人民长江, 2014,45(18):28-32.

[25] 刘克岩,王秀兰,米玉华,刘佳,夏军.水功能区水资源可利用量量质结合评价方法及其应用[J].南水北调与水利科技,2007,(01):67-69+102.

[26] 毛学文,王进.河流水功能区动态纳污能力综合评价方法[J].中国水利,2004,(03):30-32+35.

[27] 王竞敏.渭河水功能区动态纳污计算及考核管理系统集成研究[D]:西安理工大学,2017.

[28] 姜志娇.基于服务的水功能区达标考核评价系统研究[D]:太原理工大学,2016.

[29] 郭朝霞,刘孟利.塔里木河重要生态功能区生态环境质量评价[J].干旱环境监测,2012,26(01):55-58.

[30] 满卫东,刘明月,李晓燕,王宗明,贾明明,李想,毛德华,任春颖,欧阳玲中,中国科学院大学,吉林大学地球科学学院,延边大学理学院地理系,赤峰学院.1990—2015年三江平原生态功能区生态功能状况评估[J].干旱区资源与环境,2018,32(02):136-141.

[31] 张丛.基于RS和GIS的甘南草地生态服务价值评估及其分类经营模式优化[D]:兰州大学,2010.

[32] 侯鹏,翟俊,曹巍,杨旻,蔡明勇,李静.国家重点生态功能区生态状况变化与保护成效评估——以海南岛中部山区国家重点生态功能区为例[J].地理学报,2018,73(03):429-441.

[33] 何立环,刘海江,李宝林,王业耀.国家重点生态功能区县域生态环境质量考核评价指标体系设计与应用实践[J].环境保护,2014,42(12):42-45.

[34] 朱丽娟.重点生态功能区县域功能区划分方法探讨[D]:福建师范大学,2016.

[35] 钮小杰.重点生态功能区生态文明建设社会经济评价指标体系研究 [D]:云南大学,2015.

[36] 闫喜凤,林强.大小兴安岭森林生态功能区生态移民效益评价研究——以伊春市美溪区为例[J].龙江环境通报,2014,38(02):20-22.

[37] 魏金平,李萍.甘南黄河重要水源补给生态功能区生态脆弱性评价及其成因分析[J].水土保持通报,2009,29(01):174-178.

[38] 孟庆华.浑善达克沙漠化防治生态功能区生态效率评价[J].林业资源管理,2014,(02):110-114.

[39] 赵景华,李宇环.基于主体功能区规划的地方政府绩效评价指标体系研究——以北京市为例[C].中国管理现代化研究会,中国四川成都,2011.

[40] 罗成书,王珊珊.主体功能区战略下的乡镇差异化考核研究——以绍兴市为例[J].小城镇建设,2017,(08):90-95.

[41] 张路路,蔡玉梅,郑新奇,崔海宁.湖南省主体功能区的规划实施绩效评估研究[J].国土资源科技管理,2016,33(03):39-45.

[42] 唐常春,刘华丹.长江流域主体功能区建设的政府绩效考核体系建构[J].经济地理,2015,35(11):36-44.

[43] 孙雪.主体功能区视角下重庆区县政府绩效评估指标体系设计和实证研究[D]:重庆大学,2015.

[44] 王健.完善发展成果考核评价体系构建主体功能区政绩指标[J].行政管理改革,2014,(03):22-29.

[45] 周国富,王晓玲,宫丽丽.地方政府政绩考核指标体系研究[J].统计与决策,2014,(16):38-42.

[46] 凌志雄,刘芳.体功能区政府生态环境预算绩效评价研究[J].湖南社会科学,2016,(01):120-125.

[47] 王雪松,任胜钢,袁宝龙.我国生态文明建设分类考核的指标体系和流程设计[J].中南大学学报(社会科学版),2016,22(01):89-97.

[48] 王健.创新政绩指标破解以 GDP 论英雄之困——构建主体功能区政绩指标促进可持续发展[J].中共贵州省委党校学报,2014,(02):5-14.

[49] 任启龙,王利.基于主体功能区的辽宁省绩效考核研究[J].资源开发与市场,2016,32(06):664-668.

[50] 王志国.关于构建中部地区国家主体功能区绩效分类考核体系的设想[J].江西社会科学,2012,32(07):65-71.

[51] 陈映.西部限制开发区域绩效考核评价体系构建[J].经济体制改革,2017,(06):59-65.

[52] 秦美玉,吴建国.重点生态功能区民族城镇化发展评价指标体系构建研究——以四川羌族四县为例[J].西南民族大学学报(人文社科版),2015,36(10):136-140.

[53] 李想,雷硕,冯骥,温亚利.北京市绿地生态系统文化服务功能价值评估[J].干旱区资源与环境,2019,33(06):33-39.

[54] Shi Z, Qin S, Zhang C, Chiu Y-h, Zhang L. The impacts of water pollution emissions on public health in 30 provinces of China[J]. Healthcare, 2020, 8(2).

[55] 赵勇,裴源生,陈一鸣.我国城市缺水研究[J].水科学进展,2006,(03):389-394.

[56] 邓铭江,樊自立,徐海量,周海鹰.塔里木河流域生态功能区划研究[J].干旱区地理,2017,40(04):705-717.

[57] 许开鹏.基于小尺度空间的生态环境功能区规划研究[J].西南师范大学学报(自然科学版),2017,42(02):43-48.

[58] Gunderson L H. Evaluating and monitoring the health of large scale ecosystems-Rapport, D, Gaudet, CL, Calow, P [J]. Ecological Economics, 1996, 17(3): 183-185.

[59] 王思凯,张婷婷,高宇,赵峰,庄平.莱茵河流域综合管理和生态修复模式及其启示[J].长江流域资源与环境,2018,27(1):10.

［60］李海生,孔维静,刘录三.借鉴国外流域治理成功经验推动长江保护修复［J］.世界环境,2019,(1):4.

［61］严华东,张可,丰景春.国际河流联合监测机制及其对我国的启示［J］.水利水电科技进展,2015,35(3):6.

［62］沈桂花.莱茵河水资源国际合作治理困境与突破［J］.水资源保护,2019,35(6):7.

［63］Ruchay D. Living with water-Rhine river basin management［J］. Water Science and Technology, 1995, 31(8): 27 – 32.

［64］Shi W J Y, Wu Y Y, Sun X, Gu X Y, Ji R, Li M. Environmental governance of western Europe and its enlightenment to China: In context to Rhine Basin and the Yangtze River Basin［J］. Bulletin of Environmental Contamination and Toxicology, 2021, 106(5): 819 –824.

［65］吕忠梅.论环境使用权交易制度［J］.政法论坛,2000,(04):126 – 135.

［66］Dolsak N, Sampson K. The diffusion of market-based instruments: The case of air pollution［J］. Administration & Society, 2012, 44(3): 310 – 342.

［67］Hardy S D, Koontz T M. Reducing nonpoint source pollution through collaboration: Policies and programs across the US States ［J］. Environmental Management, 2008, 41(3): 301 – 310.

［68］Jarvie M, Solomon B. Point-nonpoint effluent trading in watersheds: A review and critique ［J］. Environmental Impact Assessment Review, 1998, 18(2): 135 – 157.

［69］Hora M, Subramanian R. Relationship between positive environmental disclosures and environmental performance: An empirical investigation of the greenwashing sin of the hidden trade-off［J］. Journal of Industrial Ecology, 2019, 23(4): 855 – 868.

［70］张建宇.美国排污许可制度管理经验——以水污染控制许可证为例 ［J］.环境影响评价,2016,38(2):4.

[71] 孙丹妮,郑军,张泽怡. 流域环境管理,如何更协调?——借鉴国际经验完善我国"十四五"流域环境管理体制机制的思考[J]. 中国生态文明,2021,(3):5.

[72] 李瑞娟,李丽平. 美国环境管理体制对中国的启示[J]. 世界环境,2016,(2):3.

[73] 张继承. 我国流域水环境管理手段的发展趋势及政策建议[J]. 中国水利,2006,(4):3.

[74] 于术桐,黄贤金,程绪水,万一. 国内外入河排污口管理经验及其对比研究[J]. 环境污染与防治,2012,34(10):5.

[75] 刘虹吾. 湿地自然保护区生态补偿标准与空间补偿级别划分研究[D]:天津工业大学,2016.

[76] 范明明,李文军. 生态补偿理论研究进展及争论——基于生态与社会关系的思考[J]. 中国人口·资源与环境,2017,27(3):8.

[77] 汪劲. 中国生态补偿制度建设历程及展望[J]. 环境保护,2014,(5):6.

[78] 魏颖娴,温薇. 谈投资与收益对等原则下的生态环境补偿机制构建[J]. 当代经济,2018,(2):2.

[79] 杨伊菁. 江苏省流域生态补偿模式与改进对策研究[D]:南京理工大学,2017.

[80] 生态环境部规划财务司许可办. 中国排污许可制度改革:历史、现实和未来[J]. 中国环境监察,2018,(09):63-67.

[81] 张炳,费汉洵,王群. 水排污权交易:基于江苏太湖流域的经验分析[J]. 环境保护,2014,(18):4.

[82] 王灿发. 地方人民政府对辖区内水环境质量负责的具体形式——"河长制"的法律解读[J]. 环境保护,2009,(9):2.

[83] 谢杰光. 江苏省"河长制"研究[J]. 河北企业,2017,(8):2.

[84] 陈景云,许崇涛. 河长制在省(区,市)间扩散的进程与机制转变——基于时间,空间与层级维度的考察[J]. 环境保护,2018,46(14):6.

[85] 薛从楷. 河水治理中环境保护税的作用分析[D]:江西财经大学,2019.

［86］柴涛修.太湖流域生态补偿的实践及评价［J］.中国集体经济,2019,
　　（17）:2.

［87］莫雅雯.我国流域生态补偿问题探究［J］.赤子,2019,000(030):276.

［88］谈俊益、王子轩、林囿任、郭国冕.太湖流域多元化,市场化生态保护补
　　偿机制研究［J］.黑龙江粮食,2020,(10):3.

［89］陈敏竹.太湖地区水环境整治现状及思考［J］.污染防治技术,2018,31
　　（3）:3.

［90］孙俊峰.浅谈中国排污许可证制度［J］.环境科学导刊,2011,30(5):3.

［91］张瑜,沈莉萍,李舜斌.我国排污许可制度现状的研究［J］.低碳世界,
　　2017,(11):3.

［92］徐辉冠,吴舜泽,叶维丽,吴悦颖.排污许可制度设计实施需改革创新
　　［J/OL］2015, https://huanbao. bjx. com. cn/news/20150616/
　　630833. shtml.

［93］刘源.我国排污许可证制度现状分析及完善［D］:上海交通大学,2011.

［94］苏城艺,王钰.环境保护税的国际经验及启示——基于双重红利视角
　　［J］.河南财政税务高等专科学校学报,2019,033(006):12－17.

［95］郭晓红.促进循环经济发展的税收政策选择［J］.科技和产业,2010,10
　　（8）:5.

［96］张琪.完善我国环境税制度的法律思考［J］.法制与社会:锐视版,
　　2006,(15):2.

［97］尚勇.我国环境税双重红利效应研究——基于排污费和准环境税数据
　　［D］:江西财经大学.

［98］董爱霞,张红亮.生态环境保护中存在的问题及思路探讨［J］.科技信
　　息(学术研究),2008,(01):50.

［99］张超.生态保护补偿研究［D］:昆明理工大学,2017.

［100］曹俊,李莉.汉江生态保护与生态补偿探究［J］.农业与技术,2019,39
　　（23）:102－104.

［101］郭文献,付意成,闫丽娟,吴文强.治理修复型水生态补偿问题分析

[J].自然资源学报,2013,28(09):1538-1546.

[102] 涂维.流域治理修复型水生态补偿分析[J].四川水泥,2015,(01):261.

[103] 阮利民.基于实物期权的流域生态补偿机制研究[D]:重庆大学,2010.

[104] 付意成,阮本清,许凤冉,储立民.永定河流域水生态补偿标准研究[J].水利学报,2012,43(06):740-748.

[105] 贾若祥,高国力.地区间建立横向生态补偿制度研究[J].宏观经济研究,2015,(3):11.

[106] 江苏.《江苏省排污权有偿使用和交易管理暂行办法》发布[J].资源节约与环保,2017,(9):1.

[107] 邸伟杰.我国生态保护税收政策问题及对策研究[D]:燕山大学,2012.

[108] 章和杰,王婧婧.基于生态修复税视角的我国稀土定价机制改革研究——以广晟有色金属股份有限公司为例[J].经营与管理,2016,(11):85-87.

[109] 扈万泰,王力国,舒沐晖.城乡规划编制中的"三生空间"划定思考[J].城市规划,2016,(5期):21-26.

[110] 闫士忠,韩维峥,马超,刘鸿铭.多规合一背景下的区域三大空间划定及管控研究[C].中国城市规划年会,2015.

[111] 万荣荣,杨桂山.太湖流域土地利用变化及其空间分异特征研究[J].长江流域资源与环境,2005,(03):298-303.

[112] 肖明,吴季秋,陈秋波,金美佳,郝雪迎,张扬建.基于CA-Markov模型的昌化江流域土地利用动态变化[J].农业工程学报,2012,28(10):9.

[113] 袁枫朝,严金明,燕新程.管理视角下我国土地用途管制缺陷及对策[J].广西社会科学,2008.

[114] 王文刚,庞笑笑,宋玉祥.土地用途管制的外部性、内部性问题及制度

改进探讨[J].软科学,2012,26(11):6.

[115] 李一宁."多规合一"的本质及其编制要点探析[J].住宅与房地产,2016,(12X):1.

[116] 武东海,段磊,朱岩.推进"多规合一"的问题分析及思路研究[J].国土资源,2018,(6):3.

[117] 徐晶,朱志兵,余亦奇.空间规划用地分类体系初探[J].中国土地,2018,(7):3.

[118] 王光伟,贾刘强,高黄根."多规合一"规划中的城乡用地分类及其应用[J].规划师,2017,33(4):5.

[119] 徐晶,朱志兵,余亦奇,王立舟.面向空间治理的空间规划用地分类体系探讨[J].区域治理,2018,(10):1.

[120] 陈润.南京市国土资源"一张图"应用现状、问题及对策研究[D]:南京农业大学,2015.

[121] 肖思晗.浅议我国土地用途管制的现实困境[J].法制博览,2017,(12):1.

[122] 夏欢,杨耀森.香港生态空间用途管制经验及启示[J].中国国土资源经济,2018,31(07):62-65.

[123] 桂家友.太湖县项目建设与使用林地的矛盾分析及其解决措施[J].安徽农学通报,2017,25(14):116-117+123.

[124] 杨俊.太湖县湿地建设与保护的现状及对策[J].安徽农学通报,2014,20(22):96-98.

[125] 张影宏,朱铮宇.苏州市湿地保护现状与优化对策[J].现代农业科技,2016,(24):244-245.

[126] 王昱,李媛辉.美国野生动物保护法律制度探析[J].环境保护,2015,43(02):65-68.

[127] 杨超伦.日本,朱鹮为何灭绝?[J].生态经济,2004,(01):16-19.

[128] Nomura K, Ozaki A, Morishima K, Yoshikawa Y, Tanaka H, Unuma T, Ohta H, Arai K. A genetic linkage map of the Japanese

eel (Anguilla japonica) based on AFLP and microsatellite markers [J]. Aquaculture, 2011, 310(3-4):329-342.

[129] 吴毅. 日本京都鸭川河冬季的鸟类与保护现状[J]. 广州大学学报(自然科学版),2011,10(01):37-41.

[130] 胡开明,陆嘉昂,冯彬,常闻捷,巫丹. 太湖流域水生态功能分区研究 [J]. 安徽农学通报,2019,25(19):98-104.

[131] 王杰. 群落演替理论与湖泊管理对策探讨[J]. 科学大众(科学教育), 2014,(01):152-153.

[132] 李莎. 目标管理责任制在基层政府的实施过程研究[D]:河北师范大学,2020.

附　　录

附件 1　太湖流域水生态环境功能分区名录

序号	设区市	县级市（区）	水生态环境功能分区
1	南京市	高淳区	生态Ⅲ级区-05 溧高重要生境维持—水文调节功能区
2	镇江	丹徒区	生态Ⅳ级区-01 镇江北部重要物种保护—水文调节功能区
			生态Ⅱ级区-01 镇江东部水环境维持—水源涵养功能区
		镇江市区	生态Ⅳ级区-01 镇江北部重要物种保护—水文调节功能区
			生态Ⅳ级区-01 镇江北部重要物种保护—水文调节功能区
			生态Ⅳ级区-01 镇江北部重要物种保护—水文调节功能区
		句容市	生态Ⅱ级区-01 镇江东部水环境维持—水源涵养功能区
		丹阳市	生态Ⅲ级区-01 丹阳城镇水环境维持—水质净化功能区
			生态Ⅲ级区-02 丹阳东部水环境维持—水文调节功能区
			生态Ⅲ级区-03 丹武重要生境维持—水质净化功能区
3	常州	常州市区	生态Ⅳ级区-02 常州城市水环境维持—水文调节功能区
			生态Ⅳ级区-03 锡武城镇水环境维持—水质净化功能区
			生态Ⅳ级区-02 常州城市水环境维持—水文调节功能区
			生态Ⅱ级区-02 滆湖西岸水环境维持—水质净化功能区
			生态Ⅳ级区-02 常州城市水环境维持—水文调节功能区
			生态Ⅲ级区-08 江阴西部水环境维持—水质净化功能区

序号	设区市	县级市（区）	水生态环境功能分区
			生态Ⅲ级区-03 丹武重要生境维持—水质净化功能区
		武进区	生态Ⅳ级区-02 常州城市水环境维持—水文调节功能区
			生态Ⅲ级区-09 滆湖东岸水环境维持—水质净化功能区
			生态Ⅱ级区-02 滆湖西岸水环境维持—水质净化功能区
			生态Ⅲ级区-12 竺山湖北岸重要生境维持—水源涵养功能区
			生态Ⅳ级区-03 锡武城镇水环境维持—水质净化功能区
			生态Ⅱ级区-07 滆湖重要物种保护—水文调节功能区
			生态Ⅲ级区-20 太湖西部湖区重要生境维持—水文调节功能区
			生态Ⅱ级区-09 太湖湖心区重要物种保护—水文调节功能区
		金坛区	生态Ⅱ级区-01 镇江东部水环境维持—水源涵养功能区
			生态Ⅲ级区-04 金坛城镇重要生境维持—水质净化功能区
			生态Ⅰ级区-01 金坛洮湖重要物种保护—水文调节功能区
		溧阳市	生态Ⅲ级区-05 溧高重要生境维持—水文调节功能区
			生态Ⅲ级区-06 溧阳城镇重要生境维持—水文调节功能区
			生态Ⅰ级区-02 溧阳南部重要生境维持—水源涵养功能区
4	无锡	无锡市区	生态Ⅳ级区-06 无锡城市水环境维持—水文调节功能区
			生态Ⅳ-级—06 无锡城市水环境维持—水文调节功能区
			生态Ⅲ级区-12 竺山湖北岸重要生境维持—水源涵养功能区
			生态Ⅳ级区-03 锡武城镇水环境维持—水质净化功能区
			生态Ⅳ级区-06 无锡城市水环境维持—水文调节功能区
			生态Ⅲ级区-13 无锡南部城镇水环境维持—水文调节功能区
			生态Ⅲ级区-14 无锡东部水环境维持—水质净化功能区
			生态Ⅳ级区-06 无锡城市水环境维持—水文调节功能区
			生态Ⅲ级区-14 无锡东部水环境维持—水质净化功能区
			生态Ⅲ级区-19 苏州北部生物多样性维持—水文调节功能区
			生态Ⅲ级区-12 竺山湖北岸重要生境维持—水源涵养功能区

（续表）

序号	设区市	县级市（区）	水生态环境功能分区
			生态Ⅲ级区-13 无锡南部城镇水环境维持—水文调节功能区
			生态Ⅱ级区-08 梅梁湾—贡湖重要物种保护—水文调节功能区
			生态Ⅲ级区-20 太湖西部湖区重要生境维持—水文调节功能区
			生态Ⅱ级区-09 太湖湖心区重要物种保护—水文调节功能区
		宜兴市	生态Ⅲ级区-20 太湖西部湖区重要生境维持—水文调节功能区
			生态Ⅱ级区-09 太湖湖心区重要物种保护—水文调节功能区
			生态Ⅰ级区-03 宜兴南部生物多样性维持—水源涵养功能区
			生态Ⅲ级区-07 宜兴西部重要生境维持—水文调节功能区
			生态Ⅱ级区-02 滆湖西岸水环境维持—水质净化功能区
			生态Ⅲ级区-10 滆湖南岸水环境维持—水质净化功能区
			生态Ⅲ级区-11 太湖西岸水环境维持—水文调节功能区
			生态Ⅱ级区-03 宜兴丁蜀水环境维持—水文调节功能区
			生态Ⅱ级区-07 滆湖重要物种保护—水文调节功能区
		江阴市	生态Ⅳ级区-03 锡武城镇水环境维持—水质净化功能区
			生态Ⅲ级区-08 江阴西部水环境维持—水质净化功能区
			生态Ⅳ级区-04 江阴城市重要生境维持—水文调节功能区
			生态Ⅳ级区-05 江阴南部重要生境维持—水质净化功能区
			生态Ⅳ级区-07 江阴东部重要生境维持—水质净化功能区
5	苏州	吴江区	生态Ⅳ级区-14 苏州城市重要生境维持—水文调节功能区
			生态Ⅳ级区-13 吴江南部重要生境维持—水文调节功能区
			生态Ⅱ级区-04 吴江北部重要物种保护—水文调节功能区
			生态Ⅲ级区-18 太湖东岸重要生境维持—水文调节功能区
			生态Ⅰ级区-05 太湖东部湖区重要物种保护—水文调节功能区
			生态Ⅲ级区-17 淀山湖东岸重要生境维持—水文调节功能区
		吴中区	生态Ⅳ级区-14 苏州城市重要生境维持—水文调节功能区
			生态Ⅱ级区-09 太湖湖心区重要物种保护—水文调节功能区

序号	设区市	县级市（区）	水生态环境功能分区
			生态Ⅱ级区-05 西山岛重要物种保护—水文调节功能区
			生态Ⅲ级区-18 太湖东岸重要生境维持—水文调节功能区
			生态Ⅲ级区-20 太湖西部湖区重要生境维持—水文调节功能区
			生态Ⅱ级区-10 太湖南部湖区重要生境维持—水文调节功能区
			生态Ⅰ级区-05 太湖东部湖区重要物种保护—水文调节功能区
			生态Ⅲ级区-17 淀山湖东岸重要生境维持—水文调节功能区
		苏州市区	生态Ⅳ级区-14 苏州城市重要生境维持—水文调节功能区
			生态Ⅳ级区-14 苏州城市重要生境维持—水文调节功能区
			生态Ⅱ级区-06 贡湖东岸生物多样性维持—水文调节功能区
			生态Ⅱ级区-08 梅梁湾—贡湖重要物种保护—水文调节功能区
			生态Ⅱ级区-09 太湖湖心区重要物种保护—水文调节功能区
			生态Ⅰ级区-05 太湖东部湖区重要物种保护—水文调节功能区
			生态Ⅳ级区-14 苏州城市重要生境维持—水文调节功能区
			生态Ⅳ级区-14 苏州城市重要生境维持—水文调节功能区
			生态Ⅱ级区-06 贡湖东岸生物多样性维持—水文调节功能区
			生态Ⅲ级区-19 苏州北部生物多样性维持—水文调节功能区
			生态Ⅰ级区-04 阳澄湖生物多样性维持—水文调节功能区
			生态Ⅱ级区-08 梅梁湾—贡湖重要物种保护—水文调节功能区
		昆市市	生态Ⅲ级区-17 淀山湖东岸重要生境维持—水文调节功能区
			生态Ⅳ级区-12 昆太城镇重要生境维持—水文调节功能区
		太仓市	生态Ⅳ级区-12 昆太城镇重要生境维持—水文调节功能区
			生态Ⅳ级区-11 太仓北部重要生境维持—水质净化功能区
		常熟市	生态Ⅲ级区-15 常熟北部水环境维持—水质净化功能区
			生态Ⅲ级区-16 常熟城镇重要生境维持—水文调节功能区
			生态Ⅳ级区-10 常熟东部水环境维持—水质净化功能区
		张家港市	生态Ⅳ级区-08 张家港城镇重要生境维持—水质净化功能区
			生态Ⅳ级区-09 张家港东部水环境维持—水质净化功能区

附件 2 太湖流域水生态环境功能分区管理绩效评估指标标准化参考标准

指标	单位	生态功能分区	参考值	参考依据
单位面积 COD 排放总量	吨/平方千米	生态Ⅰ级区	0.74	依据《区划》管理目标设定（根据 49 个功能分区 2020 年分目标值设定）
		生态Ⅱ级区	2.06	
		生态Ⅲ级区	3.38	
		生态Ⅳ级区	4.70	
单位面积氨氮排放总量	吨/平方千米	生态Ⅰ级区	0.04	
		生态Ⅱ级区	0.11	
		生态Ⅲ级区	0.18	
		生态Ⅳ级区	0.25	
单位面积总磷排放总量	吨/平方千米	生态Ⅰ级区	0.01	
		生态Ⅱ级区	0.015	
		生态Ⅲ级区	0.02	
		生态Ⅳ级区	0.025	
单位耕地面积化肥施用量	千克/公顷	生态Ⅰ级区	250	《生态县、生态市、生态省建设指标(修订稿)》(环发〔2007〕195 号)
		生态Ⅱ级区	300	
		生态Ⅲ级区	350	
		生态Ⅳ级区	400	
城镇建设面积占比	%	生态Ⅰ级区	9	《江苏省城镇体系规划(2015—2030)》
		生态Ⅱ级区	10	
		生态Ⅲ级区	11	
		生态Ⅳ级区	12	
单位 GDP 用水量	立方米/万元	生态Ⅰ级区	55	江苏省水资源综合规划
		生态Ⅱ级区	60	
		生态Ⅲ级区	65	
		生态Ⅳ级区	70	

指标	单位	生态功能分区	参考值	参考依据
水质考核断面优Ⅲ类比例	%	生态Ⅰ级区	90	依据《区划》管理目标设定
		生态Ⅱ级区	85	
		生态Ⅲ级区	80	
		生态Ⅳ级区	50	
水生态健康指数	—	生态Ⅰ级区	0.7	依据《区划》管理目标设定
		生态Ⅱ级区	0.55	
		生态Ⅲ级区	0.47	
		生态Ⅳ级区	0.4	
湿地＋林地占比	%	生态Ⅰ级区	68	依据《区划》管理目标设定
		生态Ⅱ级区	61.8	
		生态Ⅲ级区	28.4	
		生态Ⅳ级区	15.5	
底栖敏感种达标情况	%	生态Ⅰ级区	1	依据《区划》管理目标设定
		生态Ⅱ级区	1	
		生态Ⅲ级区	1	
		生态Ⅳ级区	1	
城市污水处理率	%	生态Ⅰ级区	98	《"十三五"全国城镇污水处理及再生利用设施建设规划》
		生态Ⅱ级区	96	
		生态Ⅲ级区	94	
		生态Ⅳ级区	92	
清洁生产审核重点企业比例	%	生态Ⅰ级区	0.05	无相关政策文件，依据各功能分区值进行均值设置
		生态Ⅱ级区	0.1	
		生态Ⅲ级区	0.15	
		生态Ⅳ级区	0.2	

（续表）

指标	单位	生态功能分区	参考值	参考依据
高新技术产业产值占规模以上工业产值比重	%	生态Ⅰ级区	35	《江苏基本实现现代化指标体系（2013 年修订,试行)》
		生态Ⅱ级区	40	
		生态Ⅲ级区	45	
		生态Ⅳ级区	50	
单位 GDP 能耗	吨标煤/万元	生态Ⅰ级区	0.5	《江苏基本实现现代化指标体系(2013 年修订,试行)》、《省政府关于推进绿色产业发展的意见》
		生态Ⅱ级区	0.6	
		生态Ⅲ级区	0.7	
		生态Ⅳ级区	0.8	

附表 1　水生态环境功能分区管理障碍因子评价结果

指标	年份	Ⅰ-01	Ⅰ-02	Ⅰ-03	Ⅰ-04	Ⅰ-05	Ⅱ-01	Ⅱ-02	Ⅱ-03	Ⅱ-04	Ⅱ-05	Ⅱ-06	Ⅱ-07	Ⅱ-08	Ⅱ-09	Ⅱ-10	Ⅲ-01
单位面积COD排放	2016	低	低	低	低	—	—	低	低	低	低	低	—	—	—	—	低
	2017	低	低	低	低	—	低	低	低	低	低	低	—	—	—	—	低
	2018	低	低	低	低	—	低	低	低	低	低	低	—	—	—	—	低
单位面积氨氮排放	2016	低	低	低	低	—	低	低	低	低	低	低	—	—	—	—	低
	2017	低	低	低	低	—	低	低	低	低	低	低	—	—	—	—	低
	2018	低	低	低	低	—	低	低	低	低	低	低	—	—	—	—	低
单位面积总氮排放	2016	低	低	低	低	—	低	低	低	低	低	低	—	—	—	—	低
	2017	低	低	中	低	—	高	中	高	中	低	高	—	—	—	—	高
	2018	中	中	中	中	—	高	中	中	中	低	高	—	—	—	—	中
湿地林地占比	2016	低	高	低	低	中	中	中	高	中	低	中	中	中	中	中	高
	2017	低	高	中	低	中	高	中	高	中	低	高	中	中	中	中	高
	2018	中	中	中	中	中	高	高	中	中	低	高	中	中	中	中	中
重点监控断面优Ⅲ类比例	2016	中	低	低	中	低	高	中	中	低	高	低	低	低	低	低	低
	2017	低	低	低	中	中	低	低	低	低	高	低	中	低	低	低	高
	2018	低	低	中	低	中	低	低	低	低	高	低	中	中	中	中	低
水生态健康指数	2016	低	低	低	低	中	低	低	低	中	低	低	低	低	低	低	中
	2017	中	低	中	低	中	低	低	低	低	低	低	低	低	低	低	低
	2018	中	中	中	低	中	中	中	中	低	低	低	中	中	中	中	低
底栖敏感种达标情况	2016	低	中	中	低	低	低	低	低	中	低	低	中	低	低	低	低
	2017	中	中	中	低	低	中	中	低	低	中	低	中	低	低	低	低
	2018	中	高	中	低	中	中	中	中	中	中	中	中	低	低	低	低

（续表）

指标	年份	III-02	III-03	III-04	III-05	III-06	III-07	III-08	III-09	III-10	III-11	III-12	III-13	III-14	III-15	III-16	III-17
单位面积COD排放	2016	低	低	低	低	低	低	低	低	低	低	低	低	低	低	低	低
	2017	低	低	低	低	低	低	低	低	低	低	低	低	低	低	低	低
	2018	低	低	低	低	低	低	低	低	低	低	低	低	低	低	低	低
单位面积氨氮排放	2016	低	低	低	低	低	低	低	低	低	低	低	低	低	低	低	低
	2017	低	低	低	低	低	低	低	低	低	低	低	低	低	低	低	低
	2018	低	低	低	低	低	低	低	低	低	低	低	低	低	低	低	低
单位面积总磷排放	2016	低	低	低	低	低	低	低	低	低	低	低	低	低	低	低	低
	2017	低	低	低	低	低	低	低	低	低	低	低	低	低	低	低	低
	2018	低	低	低	低	低	低	低	低	低	低	低	低	低	低	低	低
湿地林地占比	2016	高	高	低	中	低	低	中	中	中	中	低	中	高	中	低	低
	2017	中	中	低	高	低	低	中	低	低	中	低	低	中	中	中	低
	2018	中	高	低	高	低	低	高	低	高	中	低	中	中	中	低	低
重点监控断面优Ⅲ类比例	2016	低	低	高	中	高	高	高	高	高	中	高	中	低	低	中	中
	2017	高	中	高	低	中	低	低	低	低	低	高	低	低	低	低	低
	2018	中	低	高	低	低	低	中	高	中	低	高	低	低	低	低	低
水生态健康指数	2016	低	低	低	低	低	中	低	低	低	低	低	低	低	低	低	中
	2017	中	中	低	中	中	高	中	中	低	中	低	中	中	低	中	中
	2018	高	中	低	中	低	高	中	低	低	中	中	高	中	低	中	中
底栖敏感种达标情况	2016	中	中	低	中	中	高	中	中	高	中	中	高	中	低	中	中
	2017	高	中	低	中	中	高	中	中	高	中	中	高	中	低	高	高
	2018	高	中	低	中	低	高	中	低	高	中	中	高	中	低	高	高

（续表）

指标	年份	III-18	III-19	III-20	IV-01	IV-02	IV-03	IV-04	IV-05	IV-06	IV-07	IV-08	IV-09	IV-10	IV-11	IV-12	IV-13	IV-14
单位面积COD排放	2016	低	低	—	低	低	低	低	低	低	低	低	低	低	低	低	低	低
	2017	低	低	—	低	低	低	低	低	低	低	低	低	低	低	低	低	低
	2018	低	低	—	低	低	低	低	低	低	低	低	低	低	低	低	低	低
单位面积氨氮排放	2016	低	低	—	低	低	低	低	低	低	低	低	低	低	低	低	低	低
	2017	低	低	—	低	低	低	低	低	低	低	低	低	低	低	低	低	低
	2018	低	低	—	低	低	低	低	低	低	低	低	低	低	低	低	低	低
单位面积总磷排放	2016	低	低	中	中	中	中	高	中	中	中	中	中	低	高	低	低	低
	2017	低	低	中	低	中	低	低	低	低	低	高	低	低	中	低	低	低
	2018	低	高	中	高	中	高	低	高	中	中	中	中	低	低	中	高	低
湿地林地占比	2016	低	高	中	中	中	中	高	中	中	中	中	中	低	高	低	低	低
	2017	低	中	中	低	中	低	低	低	低	高	高	低	低	中	中	低	低
	2018	低	高	中	高	中	高	低	高	中	中	中	中	低	低	低	低	低
重点监控断面优于III类比例	2016	高	中	低	低	中	高	高	高	高	高	中	高	高	低	中	低	低
	2017	中	中	低	低	低	高	高	高	高	高	高	低	低	低	低	低	低
	2018	低	中	中	中	中	中	中	高	中	中	中	中	低	低	低	低	低
水生态健康指数	2016	低	低	低	低	低	低	中	低	低	低	低	低	低	低	中	低	低
	2017	低	低	低	中	低	低	中	低	低	低	中	低	高	中	低	低	低
	2018	高	高	低	中	中	中	中	低	低	低	中	低	高	高	低	低	高
底栖敏感种达标情况	2016	高	中	低	高	中	高	高	低	低	低	中	低	高	中	高	低	高
	2017	高	中	低	高	中	高	高	低	中	低	高	高	高	高	高	低	高
	2018	高	中	低	高	中	高	高	低	中	中	高	高	高	高	高	低	高

附表2　水生态环境功能分区管理绩效目标可达性结果

指标	年份	I-01	I-02	I-03	I-04	I-05	II-01	II-02	II-03	II-04	II-05	II-06	II-07	II-08	II-09	II-10	III-01
单位面积COD排放	2016	低	低	高	高	—	高	低	高	低	中	高	—	—	—	—	高
	2017	中	中	高	高	—	中	中	高	高	高	高	—	—	—	—	中
	2018	高	低	中	低	—	高	低	中	高	中	低	—	—	—	—	低
单位面积氨氮排放	2016	低	低	高	高	—	高	高	高	低	高	高	—	—	—	—	高
	2017	高	高	高	高	—	中	低	高	高	中	中	—	—	—	—	中
	2018	高	低	高	低	—	高	低	高	高	中	高	—	—	—	—	高
单位面积总磷排放	2016	低	高	高	高	—	低	低	高	低	中	高	—	—	—	—	高
	2017	高	高	高	高	—	中	高	高	高	中	高	—	—	—	—	高
	2018	高	高	高	低	—	高	低	高	高	中	低	—	—	—	—	高
湿地林地占比	2016	低	中	高	高	低	高	中	高	中	高	高	中	—	低	高	高
	2017	中	中	高	高	中	中	低	高	高	中	中	中	低	低	中	低
	2018	高	高	高	中	低	高	低	高	中	中	低	中	中	低	中	低
重点监控断面优III类比例	2016	低	低	高	高	高	高	低	高	低	中	中	低	低	低	中	高
	2017	中	低	中	高	高	低	低	中	中	中	中	低	低	低	中	低
	2018	高	低	高	高	高	中	低	低	低	中	低	低	低	低	中	高
水生态健康指数	2016	中	低	高	高	低	低	低	高	高	高	中	中	低	低	中	中
	2017	中	低	高	中	中	低	低	高	高	高	高	中	低	低	高	中
	2018	高	高	高	高	低	中	高	高	低	中	低	低	低	低	中	低
底栖敏感种达标情况	2016	低	高	高	高	低	高	低	高	高	高	高	低	低	低	中	低
	2017	高	高	高	高	中	高	高	高	高	高	低	低	低	低	中	低
	2018	高	高	高	高	低	高	低	高	高	高	高	低	低	中	中	低

（续表）

指标	年份	III-02	III-03	III-04	III-05	III-06	III-07	III-08	III-09	III-10	III-11	III-12	III-13	III-14	III-15	III-16	III-17
单位面积COD排放	2016	高	高	低	低	低	高	低	低	中	中	低	低	低	低	低	低
	2017	中	中	中	中	中	高	中	中	高	高	中	中	中	中	中	中
	2018	低	低	中	高	低	高	高	低	中	中	低	高	低	高	低	高
单位面积氨氮排放	2016	高	中	中	中	中	高	中	低	中	高	中	中	中	中	中	中
	2017	中	中	中	高	中	高	中	中	中	高	低	高	低	高	中	中
	2018	高	中	中	高	低	高	高	中	中	高	低	高	低	高	低	高
单位面积总磷排放	2016	高	低	低	低	低	中	低	低	中	中	低	高	低	低	低	低
	2017	高	高	高	高	高	高	高	低	高	高	低	低	低	低	低	高
	2018	低	低	中	低	高	高	高	中	高	高	低	高	高	高	中	中
湿地林地占比	2016	高	高	中	中	中	高	低	中	高	中	中	中	中	低	中	中
	2017	中	中	中	中	中	中	中	中	高	中	中	低	低	低	中	中
	2018	中	低	中	中	中	高	中	中	高	中	低	低	低	低	中	中
重点监控断面优Ⅲ类比例	2016	低	低	低	低	低	高	低	低	高	高	低	低	低	中	低	低
	2017	低	低	高	高	低	中	中	中	高	高	中	低	低	低	低	低
	2018	低	低	高	低	低	中	中	中	高	高	中	低	低	低	低	中
水生态健康指数	2016	低	高	中	中	低	中	低	低	中	高	中	低	高	高	中	中
	2017	低	高	低	高	高	高	高	低	中	高	中	低	高	高	中	低
	2018	低	高	低	高	高	高	高	低	中	高	低	低	高	高	低	高
底栖敏感种达标情况	2016	高	高	高	高	高	高	低	低	高	高	低	高	高	低	低	高
	2017	高	高	高	高	高	高	高	低	高	高	低	低	高	低	低	高
	2018	高	高	高	高	高	高	高	低	高	高	低	高	高	高	高	高

（续表）

指标	年份	Ⅲ-18	Ⅲ-19	Ⅲ-20	Ⅳ-01	Ⅳ-02	Ⅳ-03	Ⅳ-04	Ⅳ-05	Ⅳ-06	Ⅳ-07	Ⅳ-08	Ⅳ-09	Ⅳ-10	Ⅳ-11	Ⅳ-12	Ⅳ-13	Ⅳ-14
单位面积COD排放	2016	高	高	—	低	低	低	高	高	低	高	高	低	低	高	高	低	低
	2017	高	高	中	中	中	中	中	中	低	中	中	中	中	中	中	高	高
	2018	中	高	—	低	低	低	低	高	低	低	低	低	高	高	低	低	低
单位面积氨氮排放	2016	高	高	—	中	中	中	高	低	中	高	高	中	中	高	低	高	低
	2017	高	高	—	中	中	中	中	高	低	中	中	中	中	中	低	高	高
	2018	中	高	—	中	低	低	高	高	低	高	低	高	低	中	高	高	低
单位面积总磷排放	2016	高	高	—	低	低	低	高	高	低	高	高	高	低	高	高	低	低
	2017	高	高	—	低	低	低	高	高	低	高	高	低	低	低	中	高	高
	2018	中	中	中	中	低	高	中	高	中	高	低	高	中	高	中	高	中
湿地林地占比	2016	中	中	中	中	低	低	中	中	低	中	高	中	中	高	高	低	高
	2017	高	高	低	中	低	低	低	低	低	低	低	中	中	中	中	中	中
	2018	高	中	低	中	低	低	低	低	低	低	低	中	中	中	中	低	高
重点监控断面优Ⅲ类比例	2016	低	高	中	低	低	低	低	高	低	低	高	低	低	高	高	低	中
	2017	中	中	低	中	低	低	低	高	低	低	低	低	低	低	低	高	中
	2018	中	高	中	中	低	低	中	高	中	低	低	中	低	高	高	高	中
水生态健康指数	2016	中	低	中	低	低	低	中	中	中	高	高	中	低	中	高	中	低
	2017	高	低	低	中	低	低	中	中	中	高	高	高	中	中	低	低	中
	2018	高	高	中	低	低	低	高	高	中	高	高	高	中	高	高	低	低
底栖敏感种达标情况	2016	高	高	低	低	低	高	高	高	低	低	高	高	低	高	低	低	低
	2017	高	高	低	低	低	高	高	高	低	低	高	高	低	低	低	高	高
	2018	高	高	高	低	低	高	高	高	高	高	高	高	高	高	低	高	高

附表3 水生态环境功能分区管理绩效目标达成效率结果

指标	年份	Ⅰ-01	Ⅰ-02	Ⅰ-03	Ⅰ-04	Ⅰ-05	Ⅱ-01	Ⅱ-02	Ⅱ-03	Ⅱ-04	Ⅱ-05	Ⅱ-06	Ⅱ-07	Ⅱ-08	Ⅱ-09	Ⅱ-10	Ⅲ-01
单位面积COD排放	2016	一般	一般	高效	高效	—	高效	一般	高效	一般	高效	高效	—	低效	低效	—	高效
	2017	高效	高效	高效	高效	—	高效	高效	高效	高效	高效	高效	—	低效	低效	—	高效
	2018	高效	一般	高效	一般	—	高效	一般	高效	高效	高效	一般	—	一般	低效	—	一般
单位面积氨氮排放	2016	一般	一般	高效	高效	高效	高效	一般	高效	高效	高效	高效	—	低效	一般	高效	高效
	2017	高效	高效	高效	高效	高效	高效	高效	高效	高效	高效	高效	—	低效	一般	一般	高效
	2018	高效	一般	高效	一般	—	一般	一般	高效	高效	高效	高效	—	一般	低效	一般	高效
单位面积总磷排放	2016	一般	一般	高效	高效	—	高效	一般	高效	一般	高效	高效	一般	一般	低效	高效	高效
	2017	高效	高效	高效	高效	—	高效	高效	高效	高效	高效	高效	一般	低效	低效	高效	高效
	2018	高效	高效	高效	一般	—	高效	一般	高效	高效	高效	一般	一般	高效	低效	—	高效
湿地林地占比	2016	一般	低效	高效	高效	低效	高效	低效	高效	高效	高效	高效	一般	低效	低效	高效	一般
	2017	高效	低效	高效	高效	一般	低效	低效	高效	高效	高效	低效	一般	低效	低效	一般	一般
	2018	高效	一般	高效	高效	低效	一般	一般	高效	一般	高效	一般	一般	一般	一般	一般	低效
重点监断面优Ⅲ类比例	2016	低效	一般	高效	高效	高效	一般	低效	高效	高效	低效	高效	低效	低效	一般	高效	高效
	2017	高效	高效	高效	高效	高效	一般	低效	高效	一般	低效	高效	低效	一般	一般	高效	一般
	2018	一般	高效	高效	高效	高效	高效	一般	高效	高效	高效	一般	一般	高效	低效	—	一般
水生态健康指数	2016	高效	一般	高效	高效	低效	一般	一般	高效	高效	高效	高效	高效	低效	低效	高效	高效
	2017	一般	一般	高效	高效	一般	一般	一般	高效	一般	高效	高效	高效	低效	低效	高效	一般
	2018	高效	高效	高效	高效	低效	高效	一般	高效	高效	高效	一般	一般	一般	一般	高效	一般
底栖敏感种达标情况	2016	一般	一般	高效	高效	低效	高效	高效	高效	一般	高效	高效	低效	一般	一般	高效	高效
	2017	高效	高效	高效	高效	高效	高效	低效	高效	高效	高效	高效	低效	一般	一般	高效	一般
	2018	高效	一般	高效	高效	一般	高效	一般	高效	高效	高效	低效	低效	一般	高效	高效	一般

（续表）

指标	年份	Ⅲ-02	Ⅲ-03	Ⅲ-04	Ⅲ-05	Ⅲ-06	Ⅲ-07	Ⅲ-08	Ⅲ-09	Ⅲ-10	Ⅲ-11	Ⅲ-12	Ⅲ-13	Ⅲ-14	Ⅲ-15	Ⅲ-16	Ⅲ-17
单位面积COD排放	2016	高效	高效	一般	一般	一般	高效	一般	一般	高效	高效	一般	一般	一般	一般	一般	一般
	2017	高效	高效	高效	高效	高效	高效	高效	高效	高效	高效	高效	高效	高效	高效	高效	高效
	2018	一般	一般	高效	高效	高效	高效	高效	高效	高效	高效	一般	高效	一般	高效	一般	高效
单位面积氨氮排放	2016	高效	高效	高效	高效	高效	高效	高效	高效	高效	高效	高效	高效	高效	高效	高效	高效
	2017	高效	高效	高效	高效	高效	高效	高效	高效	高效	高效	高效	高效	高效	高效	高效	高效
	2018	高效	高效	高效	高效	一般	高效	一般	一般	高效	一般	一般	一般	一般	一般	一般	一般
单位面积总磷排放	2016	高效	高效	一般	一般	一般	高效	高效	一般	高效	高效	一般	一般	一般	一般	高效	高效
	2017	高效	高效	高效	一般	高效	高效	高效	高效	高效	一般	一般	一般	一般	一般	一般	一般
	2018	一般	一般	高效	一般	一般	高效	高效	高效	高效	高效	一般	高效	高效	高效	一般	高效
湿地林地占比	2016	一般	低效	一般	高效	高效	高效	低效	高效	高效	一般	一般	低效	低效	低效	高效	高效
	2017	一般	一般	低效	低效	高效	高效	一般	一般	高效	一般	一般	低效	低效	低效	高效	高效
	2018	一般	高效	低效	低效	高效	高效	高效	高效	一般	高效	一般	低效	一般	低效	高效	高效
重点监控断面优Ⅲ类比例	2016	一般	高效	低效	低效	一般	一般	低效	一般	高效	高效	低效	低效	高效	高效	低效	低效
	2017	一般	一般	高效	高效	高效	高效	高效	一般	高效	一般	高效	一般	一般	一般	一般	一般
	2018	一般	一般	一般	一般	一般	一般	一般	一般	高效	高效	高效	一般	一般	一般	一般	高效
水生态健康指数	2016	高效	高效	高效	高效	一般	高效	高效	高效	高效	高效	高效	高效	高效	高效	高效	高效
	2017	一般	一般	高效	高效	一般	一般	高效	一般	高效	高效	一般	一般	一般	一般	高效	低效
	2018	一般	一般	高效	高效	一般	一般	高效	高效	高效	高效	高效	高效	高效	高效	一般	一般
底栖敏感种达标情况	2016	高效	高效	高效	高效	一般	一般	一般	低效	高效	高效	低效	低效	高效	高效	低效	一般
	2017	一般	一般	高效	高效	高效	一般	高效	一般	一般	高效	低效	一般	高效	一般	低效	一般
	2018	一般	高效	高效	高效	一般	一般	高效	一般	高效	高效	低效	一般	高效	高效	一般	一般

（续表）

指标	年份	III-18	III-19	III-20	IV-01	IV-02	IV-03	IV-04	IV-05	IV-06	IV-07	IV-08	IV-09	IV-10	IV-11	IV-12	IV-13	IV-14
单位面积COD排放	2016	高效	高效	—	一般	一般	一般	高效	高效	一般	高效	高效	一般	一般	高效	高效	一般	一般
	2017	高效	高效	—	高效	高效	高效	高效	高效	高效	高效	高效	高效	高效	高效	高效	高效	高效
	2018	高效	高效	—	一般	一般	一般	一般	高效	一般	一般	一般	一般	高效	高效	一般	高效	高效
单位面积氨氮排放	2016	高效	高效	—	一般	一般	一般	高效	高效	高效	高效	高效	高效	一般	高效	高效	一般	高效
	2017	高效	高效	—	高效	高效	高效	高效	高效	高效	高效	高效	高效	高效	高效	高效	一般	一般
	2018	高效	高效	—	高效	一般	一般	高效	高效	一般	高效	高效	高效	一般	高效	高效	高效	高效
单位面积总磷排放	2016	高效	高效	一般	一般	一般	一般	高效	高效	一般	高效	高效	高效	一般	高效	高效	高效	高效
	2017	高效	高效	低效	一般	一般	一般	高效	高效	高效	高效	高效	一般	一般	低效	一般	高效	高效
	2018	高效	高效	低效	一般	一般	一般	一般	一般	高效	一般	一般	低效	一般	一般	一般	高效	高效
湿地林地占比	2016	高效	高效	高效	低效	低效	低效	低效	一般	低效	一般	低效	低效	一般	一般	高效	高效	高效
	2017	高效	高效	高效	高效	一般	一般	一般	一般	高效	一般	高效	一般	高效	高效	一般	高效	高效
	2018	高效	高效	一般	高效	高效	一般	一般	高效	高效	一般	高效	一般	高效	高效	一般	高效	高效
重点监控断面优Ⅲ类比例	2016	一般	高效	高效	高效	一般	一般	一般	一般	一般	一般	一般	一般	一般	一般	一般	一般	高效
	2017	高效	高效	高效	一般	一般	一般	一般	一般	一般	一般	一般	一般	一般	一般	一般	一般	高效
	2018	高效	高效	高效	高效	一般	一般	高效	高效	高效	一般	一般	高效	一般	一般	一般	一般	一般
水生态健康指数	2016	高效	高效	高效	高效	一般	一般	高效	高效	高效	一般	高效	高效	高效	高效	高效	高效	一般
	2017	一般	高效	一般	一般	一般	一般	一般	高效	高效	一般	高效	高效	一般	低效	高效	一般	高效
	2018	高效	高效	高效	高效	一般	一般	高效	高效	高效	高效	高效	高效	一般	高效	高效	高效	高效
底栖敏感种达标情况	2016	一般	高效	一般	一般	低效	低效	高效	高效	低效	高效	高效	高效	一般	低效	高效	高效	高效
	2017	一般	一般	一般	一般	低效	一般	一般	高效	一般	一般	一般	高效	一般	低效	一般	高效	一般
	2018	一般	高效	高效	一般	低效	一般	高效	高效	低效	高效	高效	高效	一般	一般	一般	高效	一般

附图

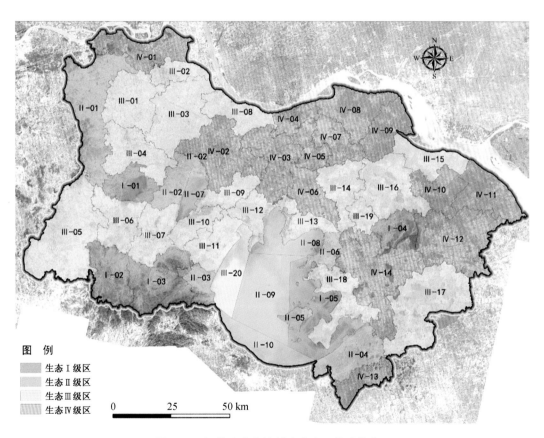

图 1-1 江苏省太湖流域水生态环境功能分区

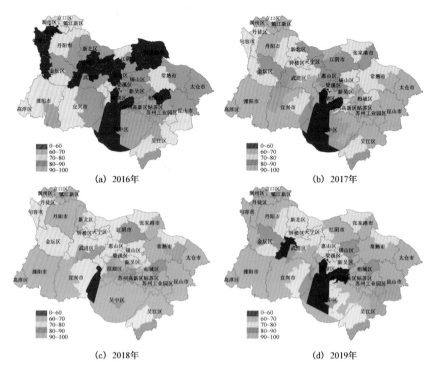

（a）2016年　　　　　　　　（b）2017年

（c）2018年　　　　　　　　（d）2019年

图 3-3　太湖流域水生态环境功能分区管理综合绩效指数空间分布

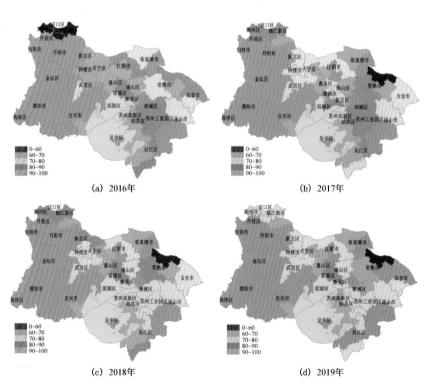

（a）2016年　　　　　　　　（b）2017年

（c）2018年　　　　　　　　（d）2019年

图 3-5　太湖流域水生态环境功能分区管理压力层得分空间分布

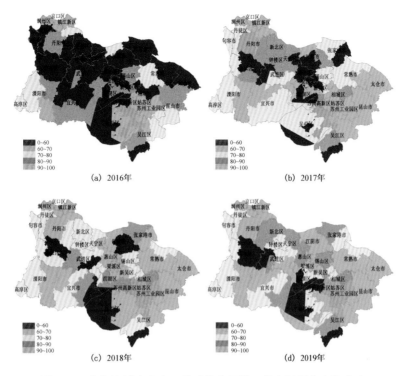

图 3-7　太湖流域水生态环境功能分区管理状态层得分空间分布

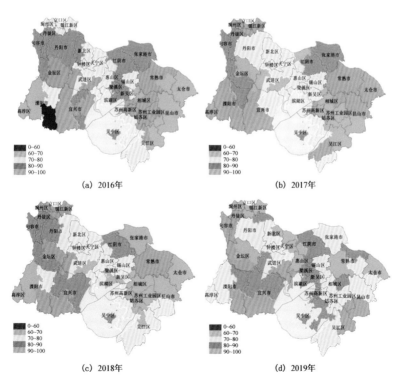

图 3-9　太湖流域水生态环境功能分区管理响应层得分分布

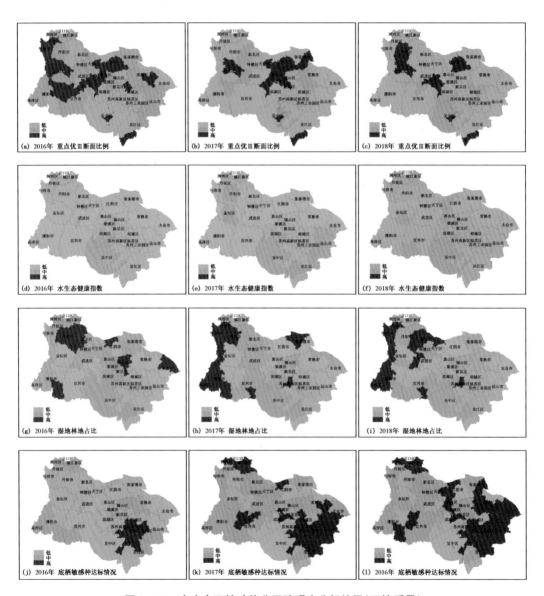

(a) 2016年 重点优Ⅲ断面比例

(b) 2017年 重点优Ⅲ断面比例

(c) 2018年 重点优Ⅲ断面比例

(d) 2016年 水生态健康指数

(e) 2017年 水生态健康指数

(f) 2018年 水生态健康指数

(g) 2016年 湿地林地占比

(h) 2017年 湿地林地占比

(i) 2018年 湿地林地占比

(j) 2016年 底栖敏感种达标情况

(k) 2017年 底栖敏感种达标情况

(l) 2016年 底栖敏感种达标情况

图 3‑10 水生态环境功能分区障碍度分析结果(环境质量)

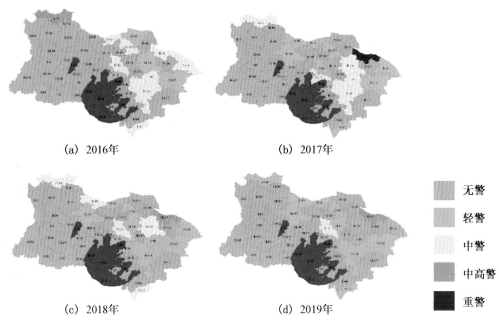

(a) 2016年   (b) 2017年

(c) 2018年   (d) 2019年

无警

轻警

中警

中高警

重警

图 4‑1   2016—2019 年太湖流域 49 个功能分区压力预警结果

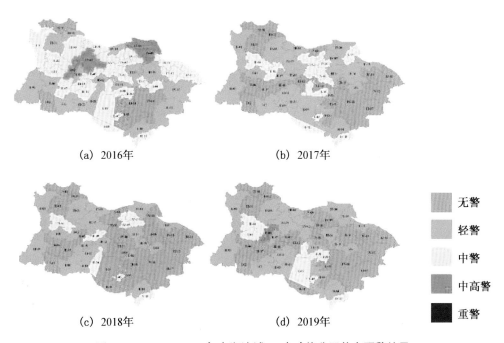

(a) 2016年   (b) 2017年

(c) 2018年   (d) 2019年

无警

轻警

中警

中高警

重警

图 4‑2   2016—2019 年太湖流域 49 个功能分区状态预警结果

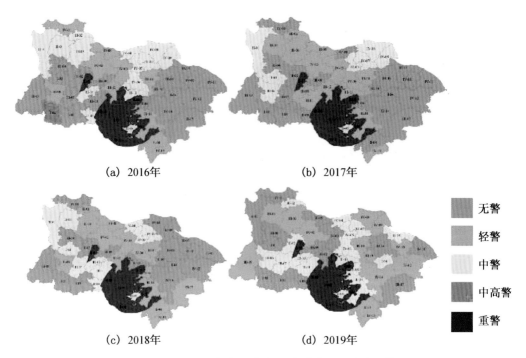

(a) 2016年   (b) 2017年

无警
轻警
中警
中高警
重警

(c) 2018年   (d) 2019年

图 4-3　2016—2019 年太湖流域 49 个功能分区响应预警结果

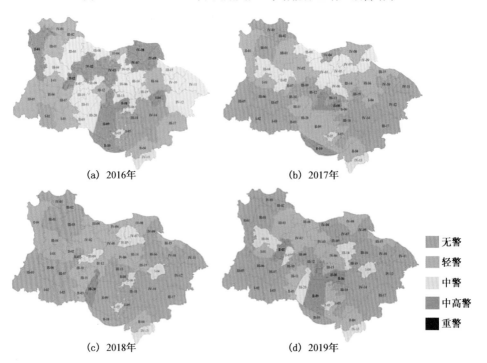

(a) 2016年   (b) 2017年

无警
轻警
中警
中高警
重警

(c) 2018年   (d) 2019年

图 4-4　2016—2019 年太湖流域 49 个功能分区综合绩效预警结果

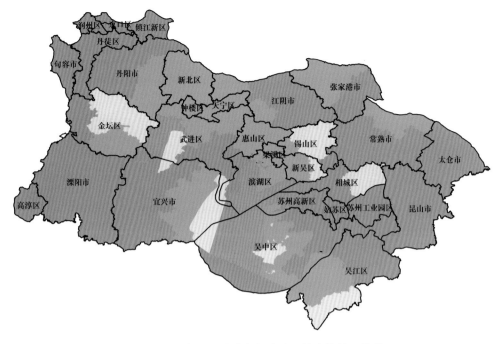

图 4‑5   2019 年太湖流域各行政分区综合绩效预警结果

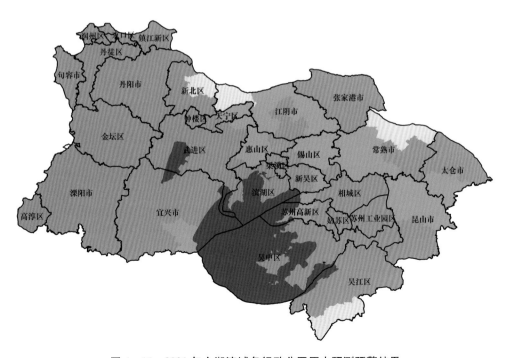

图 4‑11   2021 年太湖流域各行政分区压力预测预警结果

图 4–12　2021 年太湖流域各行政分区状态预测预警结果

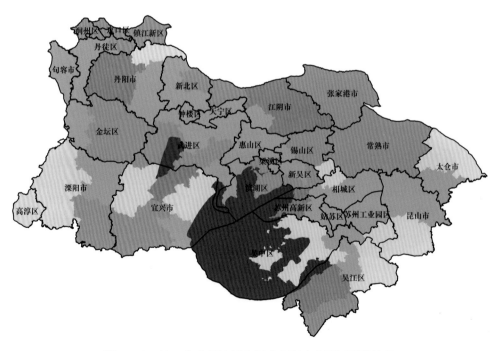

图 4–13　2021 年太湖流域各行政分区响应预测预警结果

图 4-14 2021 年太湖流域各行政分区综合绩效预测预警结果

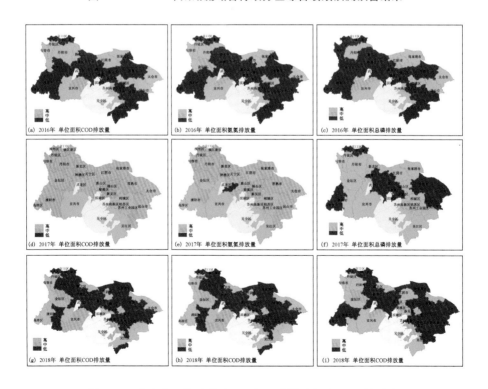

图 5-2 水生态环境功能分区目标可达性分析结果(环境效率)

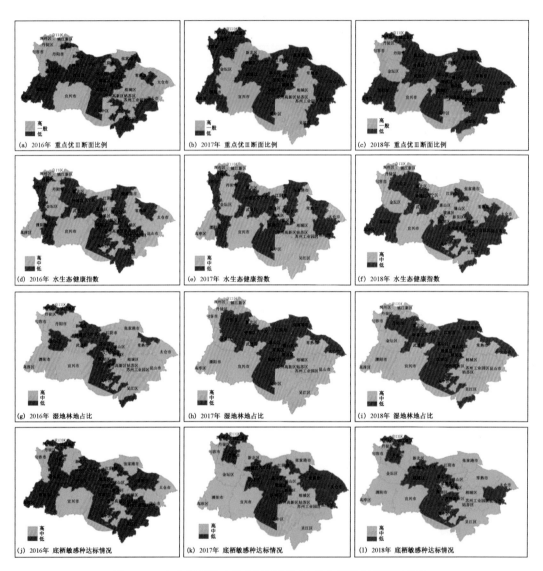

图 5-3　水生态环境功能分区目标可达性分析结果(环境质量)

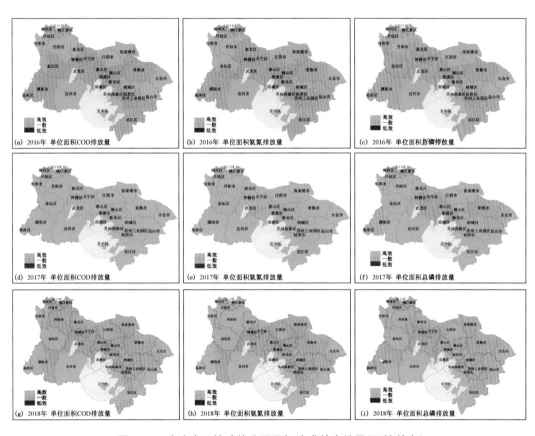

图 5 - 4 水生态环境功能分区目标达成效率结果(环境效率)

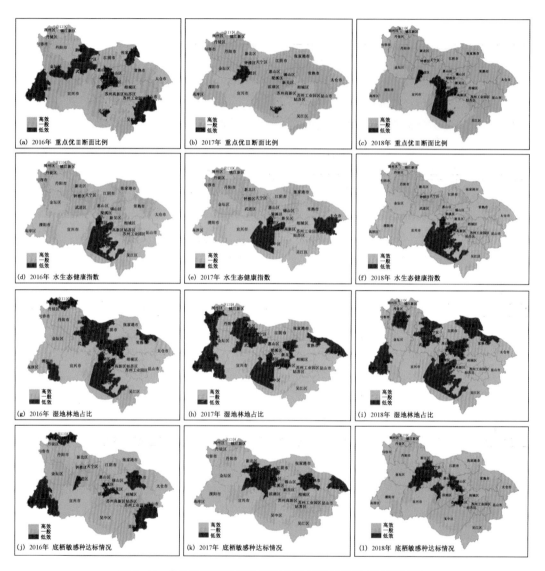

图 5-5　水生态环境功能分区目标达成效率结果(环境质量)

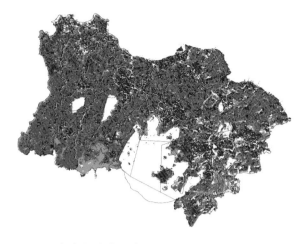

图 7－4　2020 年太湖流域土地用途分区和利用现状的生产空间对比

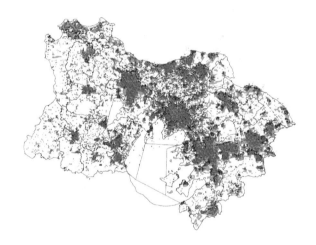

图 7－5　2020 年太湖流域土地用途分区和利用现状的生活空间对比

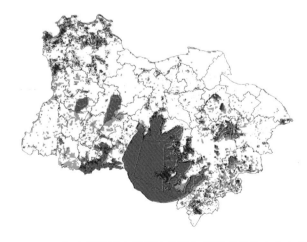

图 7－6　2020 年太湖流域土地用途分区和利用现状的生态空间对比

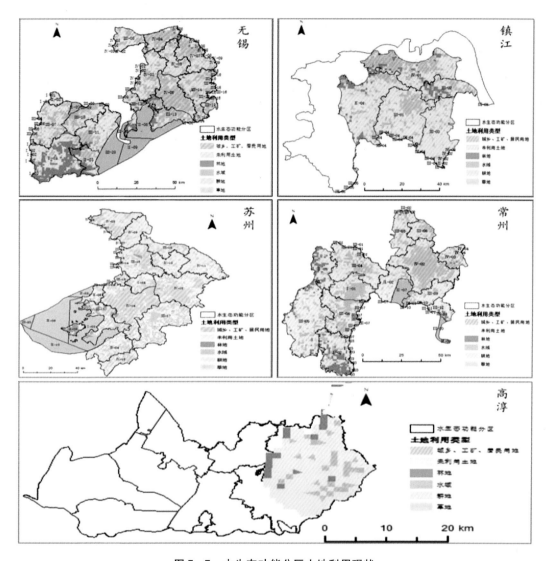

图 7-7　水生态功能分区土地利用现状

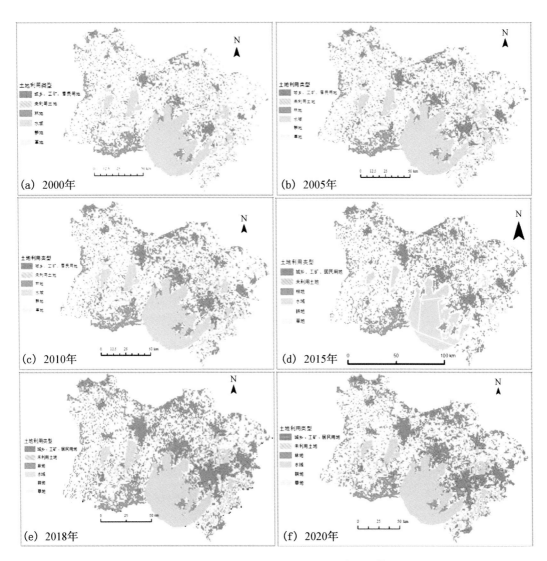

图 7 - 8　2000—2020 年太湖流域土地利用状况

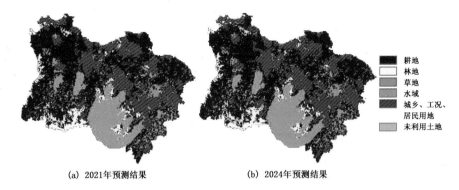

(a) 2021年预测结果　　　　　　　(b) 2024年预测结果

图 7－10　2021 年、2024 年太湖流域土地利用类型预测结果

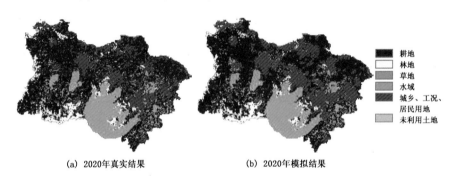

(a) 2020年真实结果　　　　　　　(b) 2020年模拟结果

图 7－12　2020 年太湖流域土地利用类型真实值和预测值对比

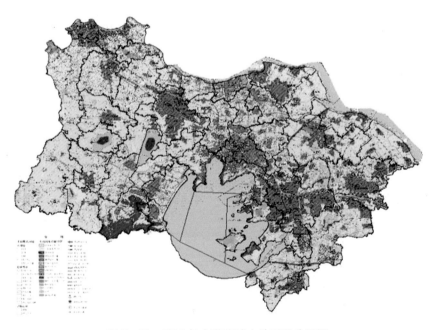

图 7－13　2020 年太湖流域土地利用分区图